有趣的学习

有趣的物理

ALL ABOUT PHYSICS

感受到的力

英国DK出版社 著　吴宝俊 译　姬 扬 审订

科学普及出版社
· 北 京 ·

著作权合同登记号：01-2021-1508

图书在版编目（CIP）数据

有趣的物理 ：感受到的力 / 英国DK出版社著 ；吴宝俊译. — 北京 ：科学普及出版社, 2021.6（2023.8重印）
（有趣的学习）
书名原文：All About Physics
ISBN 978-7-110-10221-3

Ⅰ. ①有… Ⅱ. ①英… ②吴… Ⅲ. ①物理学—青少年读物 Ⅳ. ①O4-49

中国版本图书馆CIP数据核字(2020)第267990号

策划编辑　邓　文
责任编辑　白李娜
营销编辑　齐　宇
封面设计　朱　颖
图书装帧　金彩恒通
责任校对　焦　宁
责任印制　徐　飞

科学普及出版社出版
北京市海淀区中关村南大街16号　邮政编码：100081
电话：010-62173865　传真：010-62173081
http://www.cspbooks.com.cn
中国科学技术出版社有限公司发行部发行
北京华联印刷有限公司承印
开本：787毫米×1092毫米　1/16　印张：6　字数：150千字
2021年6月第1版　2023年8月第3次印刷
ISBN 978-7-110-10221-3/O・200
印数：20001—25000册　定价：29.80元

坦诚讲，我喜爱汽车，也喜爱自行车、飞机、快艇、气垫船，以及任何会动的东西。我为何会喜爱它们呢？因为这些都与产生运动的东西相关。每当我驾驶汽车环绕在赛车道上的时候，我能体验到身边所有的变化：轮胎忙着紧抓地面，加速度将我往后推向座位，在我踩刹车并往前飞出时安全带牢牢地拉住了我。换句话说，我的身边处处是力的作用。而这就是物理。

物理是科学的行动部。当一辆汽车发生碰撞，一颗苹果从树上落下，或一道闪电从天而降，物理定律都能告诉你到底发生了什么。生物和化学也许能告诉你为什么苹果吃起来是这个味道，但只有物理才能解释当你把这个苹果以320千米/时的速度抛向一面砖墙时会发生什么。

当然，物理并不局限于飞驰的汽车和撞碎的苹果。事实上，物理无所不包，小到构成宇宙的不可思议的微小颗粒，大到不可思议的宇宙本身。物理也是科学诡异的端头。那些遁入无形，无法解释，离奇古怪的事物都与它有关。试想一下，当你试图将两块磁铁的北极挤压在一起时，会有一股滑滑的力量将它们推开。这个力是什么？它又为何存在？

你或许会认为科学家已经破解了所有事物的奥秘，但真实的情况是，科学中充满了神秘和疑惑，而这也是本书为何问题满篇的原因。这些问题中大多数很容易回答，但有些问题至今还尚无答案。有的问题可能会让你感到惊喜，有的会让你感到惊讶，还有的仅仅是启发你的思考……

希望你能喜欢。

理查德·哈蒙德

目录

开端

人类是从……嗯，从人类诞生以来就开始运用物理了。

当人们将猛犸逼下悬崖，钻木取火、投掷长矛，再将更多的猛犸逼下悬崖时，物理就在身边。可以说我们人类在运用物理方面一直都得心应手。

然而，我们却不太理解事物为什么会这样运行。

为什么我们扔出的长矛会沿着曲线飞行？火怎样烧伤我们的手，又如何烤熟食物？为什么猛犸从悬崖会跌落？直到我们开始进行实验和测量的时候，我们才真正踏上了探索问题答案的旅程。而要了解这一切的开端，我们得回到3000年以前……

关键词是古希腊

自人类文明伊始，人们靠迷信和神话来解释世界是怎样运行的。直到大约3000年前的古希腊，这种状况发生了改变。人们不再坚信他们古老的信仰，转而决定从头开始认真思考所有的事物。这差不多就是科学的开端（虽然不完全是）。

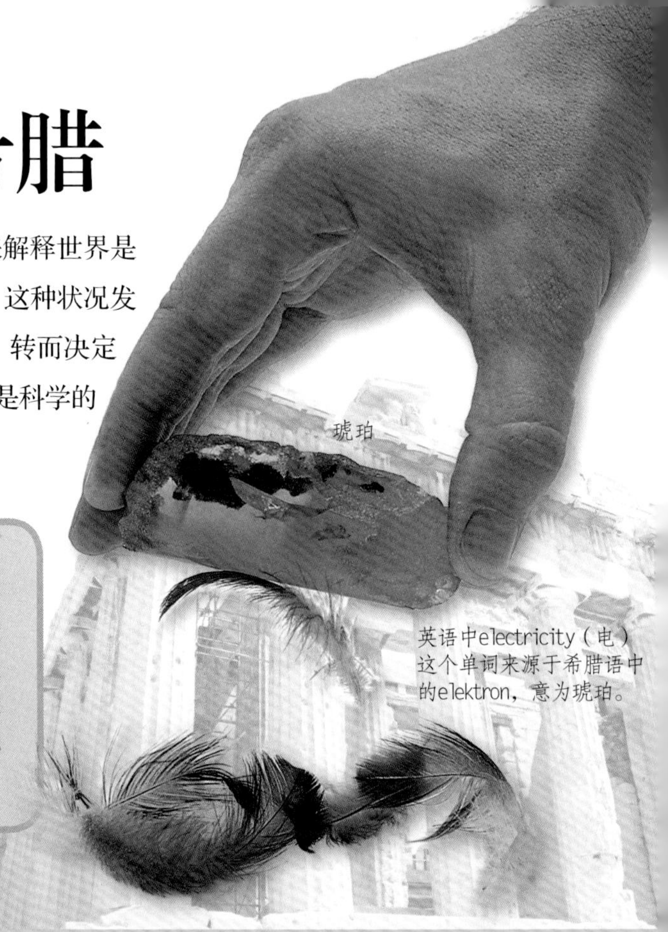

英语中electricity（电）这个单词来源于希腊语中的elektron，意为琥珀。

神奇的琥珀

古希腊的学者是哲人或思想家，而并非真正的科学家——他们有了不起的想法，却很少通过实验去检验它们。尽管如此，他们确实有不少科学发现。他们在公元前600年就发现了静电。他们知道用羊毛摩擦一种叫琥珀的石头，琥珀就像有魔力似的，会吸引羽毛。

公元前 600年　　公元前 400年

脚底有磁性

传说，希腊牧羊人马格内斯（Magnes）的脚陷入山石，鞋上的铁钉被一块天然磁石吸走，他由此发现了磁力。古希腊学者认为天然磁石中有“魂”，是魂吸引了铁。

什么是物质？

古希腊学者提出的理论认为万物由小得不能再小的粒子即原子构成。他们没有证据证明这一大胆的理论，这就是瞎蒙出来的。他们认为原子的形状也许可以解释原子的性质，于是设想火原子拥有尖锐的形状，而水原子拥有圆滑的形状。

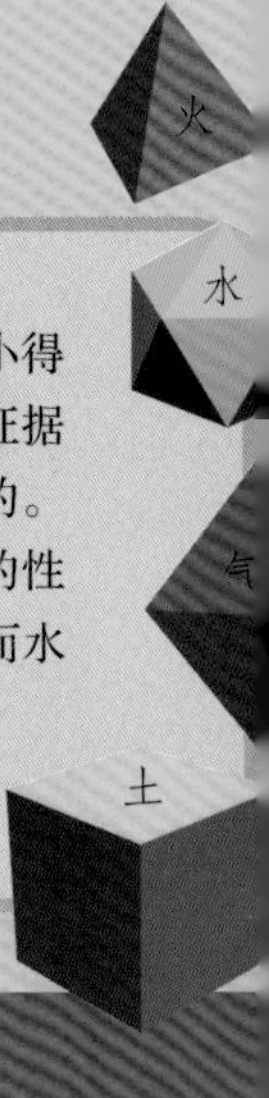

亚里士多德

和许多思想家、科学家一样，亚里士多德也是个怪人。他说话装腔作势，故作高深，对衣着发型十分挑剔。物理并非他的强项，但由于在其他大多数领域中成就斐然，他思想的巨大影响持续了几个世纪之久。

羽毛下落

古希腊哲学家亚里士多德是最早思考地球引力的人。他注意到石头比羽毛下落快，就得出结论（未经检验）：物体越重，下落得越快。他的观点是错的，但此后2000年都没有人通过实验来进行验证。

公元前 350年

亚里士多德（公元前384—公元前322年）

保持运动

亚里士多德试图解释力是怎样使物体运动的。他认为，运动的物体必须有力一直推着它，但他又错了。事实上，物体不受力时可以永远运动下去，而摩擦力通常会使物体慢下来。

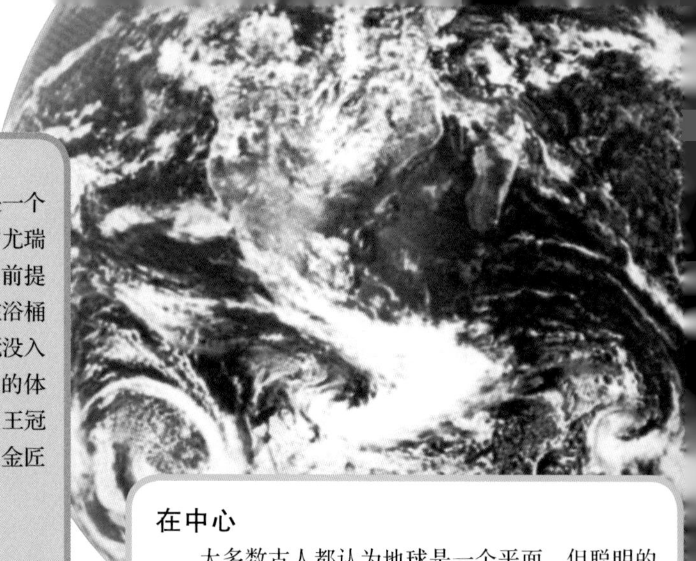

尤瑞卡！

古希腊贤者中的翘楚阿基米德，曾经在解决一个难题后，从浴桶中跳出来，裸奔到街上高喊：“尤瑞卡（找到了）！”国王此前要求他在不切开的前提下，检验一个新王冠是否用足金打造。他浸泡在浴桶中的时候，一下子想出了解决办法。可以将王冠没入水中，看看水平面上升了多少，以此测出王冠的体积，如果一块相同重量的纯金体积也是这么多，王冠就是真的。结果表明，王冠是假的，金匠因而被处死。

在中心

大多数古人都认为地球是一个平面，但聪明的古希腊学者不仅意识到地球是圆的，还通过测量不同地方的影子算出了地球的大小。然而，他们不知道地球在旋转，于是很自然地认为太阳和恒星穿越天空是因为它们在绕着我们转动。由于古希腊学者在这一点上搞错了，他们理所当然地认为地球就是宇宙的中心。而这个观念延续了很多个世纪。

公元前 250年　　公元前 240年

用一个足够长的杠杆，
我能举起任何东西！

战争武器

阿基米德是一个伟大的发明家。他搞清楚了杠杆如何放大力，并用杠杆原理制造战争武器来对付古罗马人。其中之一是一个巨大的木制吊车，上面用绳子挂着钩子，能够将接近海岸的敌舰抓住并掀翻，或扔在礁石上撞碎，杀死船上所有敌人。

阿基米德
（公元前287—公元前212年）

古希腊学者认为行星和恒星

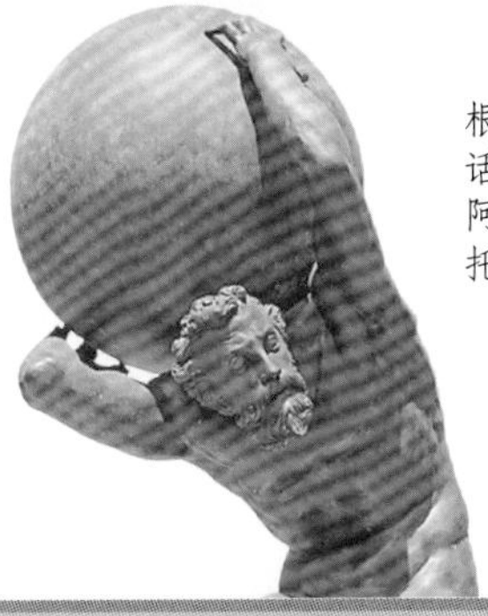

根据古希腊神话，一个名叫阿特拉斯的神托举着宇宙。

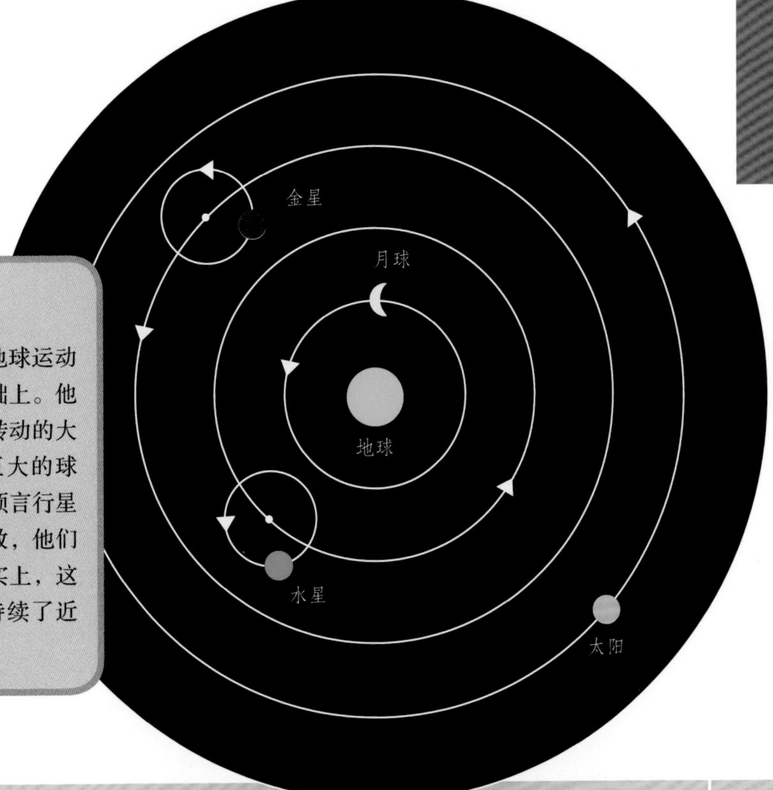

天球（天穹）

由于太阳、恒星和行星看起来是绕着地球运动的，古希腊学者认为宇宙建立在圆形的基础上。他们认为，每一颗行星都附着在一个绕地球转动的大玻璃球上，而恒星则位于行星区外更为巨大的球上。古希腊学者发现他们可以用这个理论预言行星出没的位置，不过为了使这个理论行之有效，他们还在大球上更为精细地添加一些小球。事实上，这个理论很有效，以至于人们对它的相信持续了近2000年之久。

公元前150年

公元前50年

古希腊的技客

名为希罗（Hero）的发明家是古希腊最后一批哲学家之一。他制作了各种各样的奇特装置，包括会唱歌的机械鸟、马车里程表、机关枪，还有世界上第一台投币自动售货机。希罗意识到空气是一种物质，并发现他可以压缩空气。这使他相信空气一定是由原子构成的。

都附着在巨大的玻璃球上

黑暗时代

古希腊时代结束后，人们又重投神话、魔法和宗教的怀抱。在长达1000多年的时间里，迷信统治着世界，只露出几缕科学进步的微微光芒……

公元 500年

这是一种魔法

磁铁有目共睹的魔法般力量引发了黑暗时代各种各样的神话。当时人们认为将磁铁放在头上可以治愈人的悲伤；认为大蒜和钻石会摧毁磁铁的力量，而将磁铁蘸在山羊鲜血中就可以恢复如初。

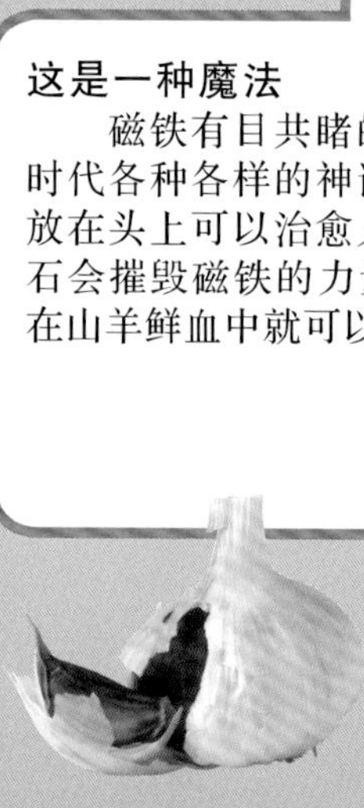

公元 700年

指示方向

在欧洲人忙着用大蒜和羊血摩擦磁铁的时候，中国人则用铁针摩擦磁铁，从而使铁针也具有了磁性。用线将这样的铁针悬吊起来，它就会指向北。中国人发明了袖珍罗盘。

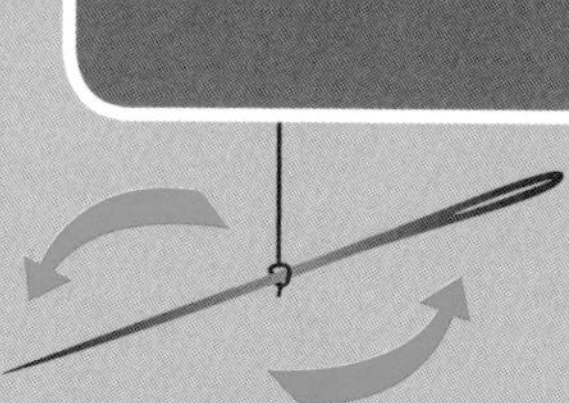

古希腊学者的知识被阿拉伯人保存了下来。

阿拉伯人弄明白了太阳光如何经物体反射并进入我们的眼睛，让我们看到影像。

佩雷格纳伦斯(Peregrinus)发现磁铁既吸引又排斥

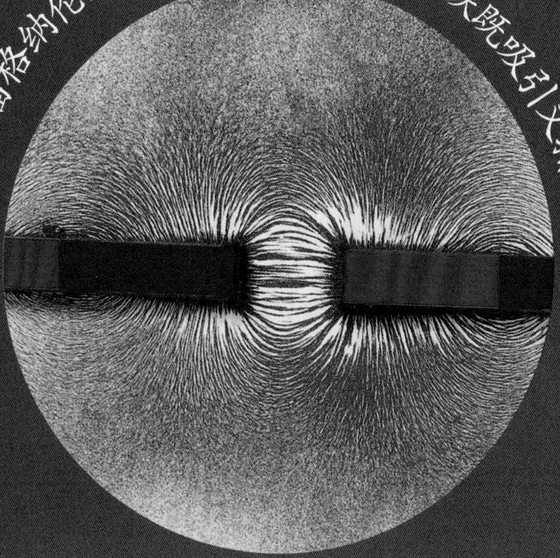

公元1000年　　**公元1300年**

看到光

虽然古希腊学者的教诲在欧洲失传了，却在阿拉伯世界保存了下来，使得科学精神得以延续。古希腊学者曾经认为，我们之所以能够看到东西是因为我们的眼睛发出看不见的射线，碰到物体反射回来的结果。在公元1000年，埃及人阿尔哈曾意识到了真相：太阳或火焰发出的光被物体反射，由此才进入我们的眼帘。

磁极的分离

回到欧洲，法国人佩雷格纳伦斯，试图通过对折的办法来把磁铁的两极分开。令他迷惑不解的是，他发现，不论对折多少次，断掉的半块磁铁总会变成一块完整地拥有两极的磁铁。

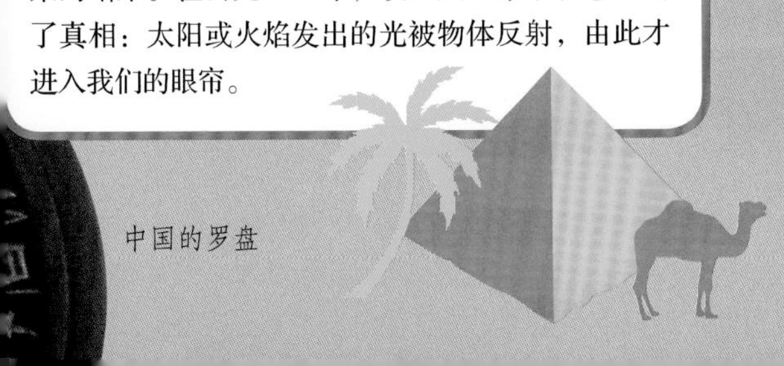

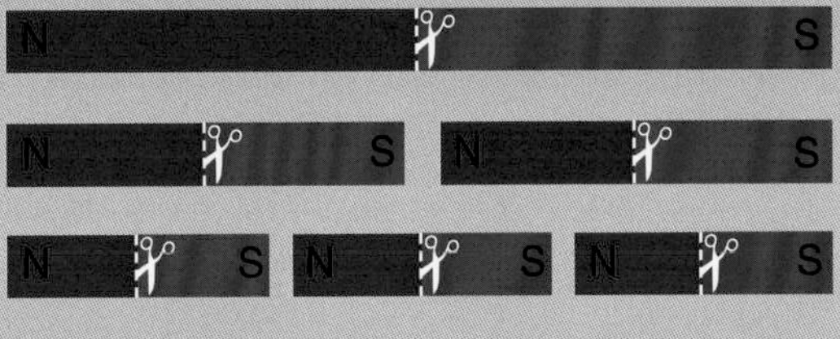

中国的罗盘

进入光明

大约在500年前的欧洲，人们的思维方式发生了一次惊人的变革。如同古希腊一样，人们开始质疑老一套的充满宗教和迷信的世界观，而这一次他们并没有停留在质疑层面。他们通过做实验来检验哪些观念是正确的。这是科学的开端，它就此永远地改变了世界。

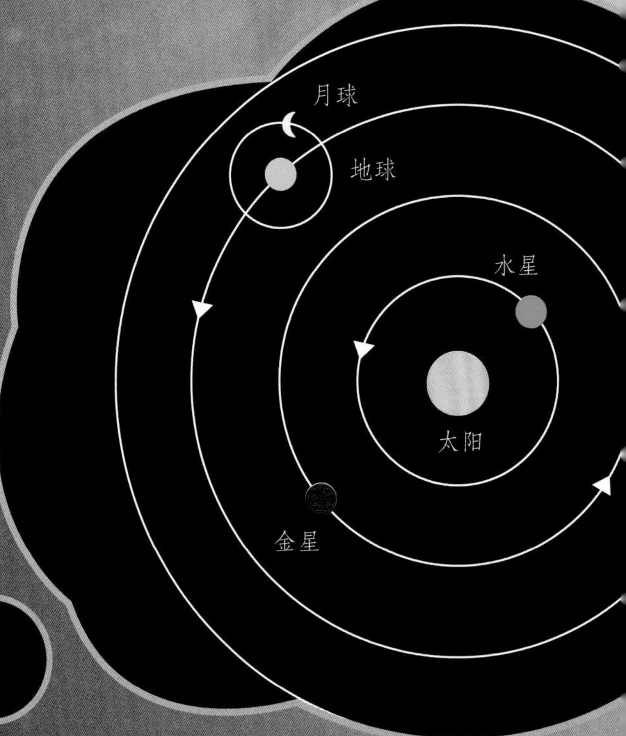

尼古拉斯·哥白尼
（1473—1543年）

公元1507年

一个奇思妙想

自古希腊以来，人们认为地球处在宇宙中心位置静止不动，太阳和行星都绕着我们旋转。1507年，波兰天文学家尼古拉斯·哥白尼注意到，如果假设太阳处于中心位置，地球绕着太阳转动，而不是反过来，那么预测行星的运动会容易得多。其他天文学家对哥白尼的理论进行了检验，结果相当准确。但这里却存在着一个大问题……

整个世界真的可能在旋转吗？

白尼将太阳置于他的宇宙模型
中心，尽管这意味着地球必须
太空中飞来飞去。

火星

科学的方法

科学与其他思维方式的不同之处在于科学家要通过实验检验一个理论或思想是否正确。英格兰人威廉·吉尔伯特（William Gilbert）是对磁铁进行科学研究的第一人。他没有直接接受大蒜会破坏磁力的古老传说，而用大蒜摩擦磁铁来检验它们——结果磁力没有变化。吉尔伯特还注意到磁针轻微地指向大地，由此提出了地球是一个磁体的理论。他猜对了。

公元 1543年

公元 1580年

一个异端邪说

宗教人士憎恨哥白尼的思想，因为他们相信上帝创造了宇宙，地球位于中心。哥白尼将他的理论写进了一本书中，但由于害怕冒犯教会，这本书直到他临终前才出版，书中还附上了奉承教皇的献辞。

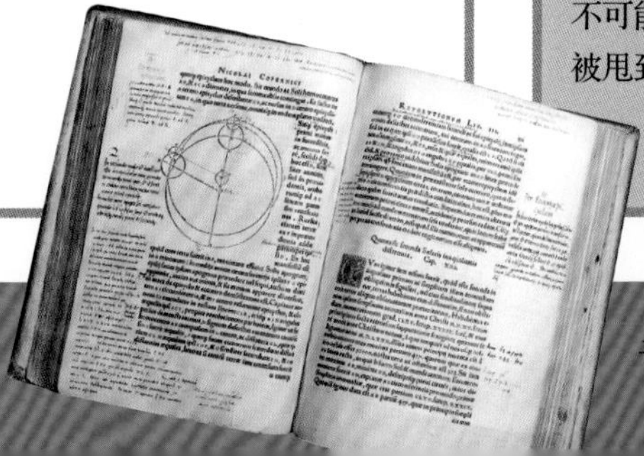

一个痴人妄想

还有另一个原因使哥白尼的思想难以被人接受。如果他的理论是正确的，就意味着太阳穿过天空的运动仅仅是由地球的飞速旋转造成的一种假象。人们认为这是不可能的。他们觉得，如果地球在旋转，飞鸟和云彩会被甩到后面，建筑物也会倒塌。这个难题被我们书中要介绍的下一位人物解决了……

哥白尼的书

比萨斜塔

伽利略的世界

世界上第一位名副其实的科学家是意大利人伽利略。他以新颖独特的实验表明古希腊学者不仅在空间问题上搞错了，在重力和运动方面也不正确。伽利略的发现是物理学的开端，但却使他陷入了极度的麻烦。

我们一起下落

传说中伽利略曾经在比萨斜塔上扔下了重量不同的小球，以表明它们会一起落地。事实上，他很可能只是让球从斜坡上往下滚，但他确实证明了古希腊学者老一套的较重物体相应比较轻物体下落得更快的观念是错误的。恰如伽利略所发现的那样，所有物体在重力作用下都以相同的速率下落，除非它们太轻或者过于蓬松，以致空气会使它们减速。

这是物理学真正的开端！

公元 1590年

伽利略计算出了一个小球飞行的精确曲线，方法是将它的飞行分解为两部分：水平方向的匀速运动和垂直方向的变速运动。这解决了一个古老的问题：如何计算炮弹的弹道。

在滚动中运气爆棚

除了让小球从斜面滚下，伽利略还让它们在水平面上滚动，把球在房间里丢来丢去。他小心翼翼地测量它们的轨道，把脉搏当作秒表（当时钟表尚未发明）记录下每次移动的时间。他有了一个十分惊人的发现。下落的小球在重力的持续加速作用下，会运动得越来越快；但沿着水平面滚动的小球在不受任何外力时则会保持匀速。伽利略由此发现了惯性：在不受外力作用时，物体倾向于保持匀速运动或静止状态。

天文学家伽利略

伽利略所做的每件事都很出色。公元1609 年，他听说有人发明了望远镜，就着手自己做了一个。他做的望远镜是当时世界上最好的。他用它发现了月球上的山脉、木星的卫星，以及不计其数的微小恒星，这暗示着宇宙的浩渺广阔。他的所见使他确信哥白尼地球绕太阳旋转的思想是正确的，他将此观点记录在1632年的书中。但是宗教领袖们并不为之所动，他们封禁了那本书，并且把伽利略囚禁了起来。

公元 1609年　公元 1632年

伽利略
（1564—1642年）

伽利略的鱼

惯性的发现使伽利略意识到匀速运动与静止实际上没有区别。他在书中这样写道：设想一条鱼在水箱中游泳，而这个水箱则放在海上航行的一艘船上。就鱼而言，船如同静止。鱼不会因船的运动而被推向水箱的后部——它一如既往地游着。同理，地球旋转时，云和鸟不会落到后面，房子也不会倒塌——由于有惯性，它们与所有其他东西一起继续保持运动。伽利略就此解决了地球绕日运行的理论所遇到的最让人迷惑不解的问题。

牛顿的宇宙

被软禁在家的伽利略于1642年与世长辞。幸运的是，在同年的圣诞节，一位更具智慧的科学家降生于英格兰。他脾气暴躁，性情乖僻，却是一位天才。他名叫艾萨克·牛顿。

1666年，为了躲避一场席卷英国城镇的致命瘟疫，牛顿回到他母亲的农场。一天，他在果园中看到一个苹果坠落地面。他开始好奇：将苹果拉向地面的重力是否也在紧紧抓着月亮。

公元1666年以后

艾萨克·牛顿
（1642—1727年）

在牛顿之前，没有人知道是什么使得月球一直绕地球飞行，行星绕着太阳飞行。人们曾一直认为它们是由神推动的，或者是由某些看不见的力量推动的，而牛顿找到了正确答案。

牛顿意识到，正是那个让苹果下落的力

伽利略已经精确地推演出为什么炮弹会沿曲线飞行。牛顿意识到月球就像一颗巨型炮弹，由于飞得太快而不会落地。为了解释这一理论，他画了张图，用来说明从山顶向空中发射的炮弹飞得越来越快时会发生什么情况。起初，它很快就会落地。随着它飞得越来越快，它的运动曲线会越来越平缓。最后，它会飞得快到自己的运动路线还没有地球本身弯曲得厉害。它就会一直飞行，始终下落却永不着地。也就是说，它被困在了轨道上。

牛顿认识到，月球的运动不需要一个力来推动。正如伽利略已经发现的那样，由于具有惯性，运动的物体会保持运动。牛顿看出来惯性使物体沿直线运动，直到有力把它们推开。月球“想”沿着直线飞行，但地球的引力（重力）在不断地将它往回拉，使它沿着曲线飞行。

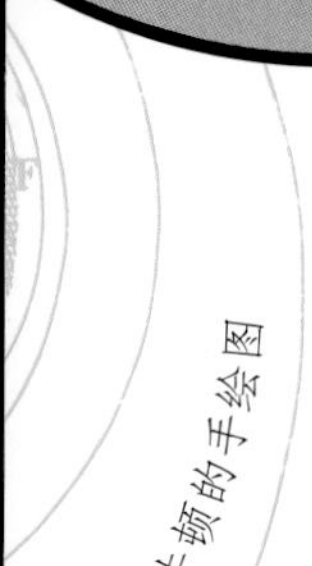

牛顿的手绘图

牛顿还领悟到，行星以相同的方式绕着太阳“下落”，被太阳巨大的引力困在了轨道上。他用数学精确地计算出了行星轨道的形状和运行速率，这项极其复杂的工作耗费了他多年的精力，迫使他发明了微积分这一全新的数学分支才得以完成。然而这是值得的，他成功地发现了支配着小到原子，大到银河系的宇宙间万物运动的万有引力和三大“运动定律”。这是有史以来最伟大的科学发现。

19世纪的太阳系行星模型，太阳位于中心。

差劲的牛顿

艾萨克·牛顿讨厌与人相处，一生中大多数时光独自生活。读书时，他是个孤僻的男生，几乎没什么朋友，把空闲时间都用来制造奇怪的装置，比如由老鼠带动的风车。成年后他经常与人发生争执。他谴责其他科学家窃取了他的思想，还曾经威胁他的母亲和继父会烧毁他们的房子并杀死他们。甚至他的某些科学研究，至少从今天的标准看来也是怪怪的。他曾花费多年精力去寻找一种炼制黄金的方法（然而这压根不可能实现），他还根据《圣经》计算出创世纪的时间在公元前3500年——少了45亿年。

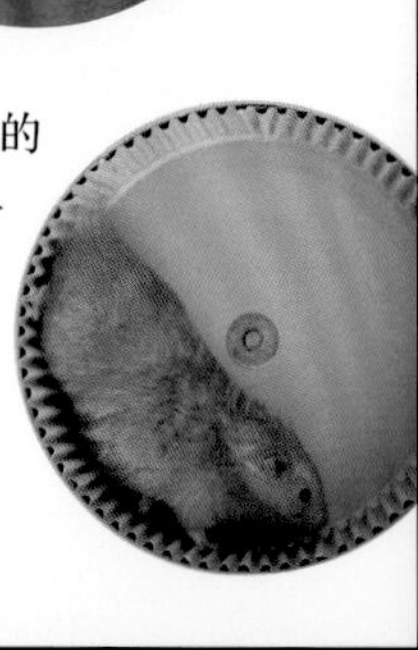

使宇宙结合在一起。

你能感受到力吗？

“物理学始于力的思想。那么究竟什么是力，它又是如何作用的呢？力是你可以在瓶子中捕获或在显微镜下检查的吗？它会在暗中成长或在水里起泡吗？呃……不是的。

力并不真的是一种物质——而更多的是一种概念。

还有个相当简单的观念，力就是推或拉。理解了力就能够解答各种各样的问题，诸如为什么过山车会把你的胃推向胸口，为什么猫咪能够从高处一跃而下却能幸免遇难而留下不死的传说，以及为什么自行车能够比跑车加速更快。”

什么是力?

忘记星球大战吧——力不是某种弥漫整个宇宙的神秘的、看不见的能量场（尽管弥漫整个宇宙的神秘的、看不见的能量场的确存在）。它实际上是非常简单的东西：就是推或拉。

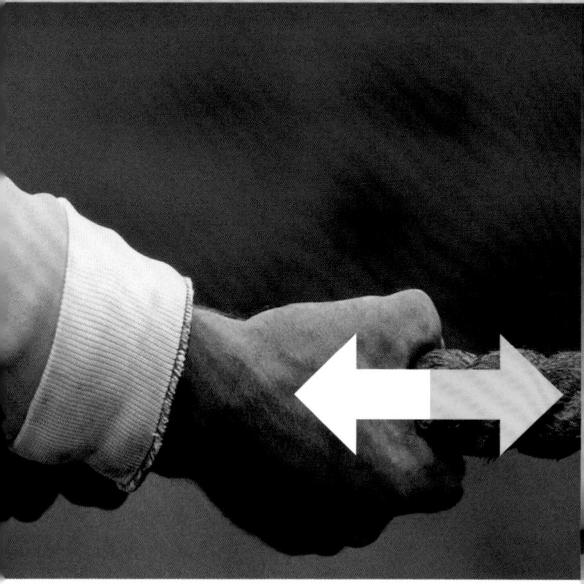

在拔河比赛中，每个队都试图通过使出更大的力量拉绳子而将对手猛地拽过来。但如果遇到双方势均力敌，就都不会移动。

这几位相扑选手身体前倾，目的是利用自身体重把对方推走。由于他们体重相当，势均力敌，都不会移动。

有的力甚至不通过接触也可以推拉物体

不论你是否知晓，始终有力作用于你。当你阅读到这儿的时候，重力在向下拉拽着你，地面在向上支撑着你，空气在从四面八方挤压着你，而你身体中的物质在反推着空气。当它们势均力敌时，就相互抵消了，你也就注意不到它们了。而力一旦失去平衡，就出事了……

重力正试图将这栋房子拉向地面，但它巨大的重量与卡车传递过来的地面的向上的支持力相平衡。

当拳击手的拳头向沙袋传递一个巨大的力量时，沙袋在自身重力的作用下试图向回摆动。但由于力不平衡，沙袋摆向右边。

这就是牛顿定律!

在推算引力如何支配行星运动的过程中，艾萨克·牛顿发现了描述力如何使物体运动的三个简单的定律。这几条“运动定律”为整个物理学科奠定了基础，它们几乎适用于任何物体：从跳蚤到足球，从原子到行星。

1

一个物体不受外力推拉作用时会保持静止或匀速直线运动。

2

力使物体加速。力越大，物体越轻，加速度越大。

3

每一个作用都有一个大小相同且方向相反的反作用。

换言之……

如果你撒手放开正在移动的购物小推车，它会继续沿着直线前进，直到撞上某个物体。

这个定律是关于惯性的。它的通俗理解是，一个物体会保持静止直到有东西推它，那么这个定律的后半段是什么意思呢？在我们的日常经验中，运动的物体并不会以恒定的速率永远运动下去——它们会慢慢停下来。这是由于摩擦力或其他力使它们减速。但如果你把摩擦力拿走——穿上冰鞋，坐进购物车里，或进入太空，牛顿第一定律就更明显了。

换言之……

轻巧的竞速自行车加速比10吨重的卡车要容易得多。

这个定律告诉你当你推某个东西的时候究竟会发生什么。在日常语言中，“加速”意味着速率增加，这正是你向前推某个东西时所发生的情况。你越是用力蹬自行车的踏板，行进得就越快。你和自行车的重量越轻，越容易加速。在物理学中，加速不只意味着速率的增加——它可以指由静止或匀速直线运动发生的任何变化。因此，当你刹车减速的时候，摩擦力会给你一个负加速度（使你减速）。

换言之……

当火箭从它的发动机喷出燃烧的气体时，气体会反推火箭将它送入太空。

牛顿意识到力（他称为“作用”）总是成对出现。如果一个物体推另一个物体，第二个物体就以同样的力反推它。这两个力大小相等，但效果不尽相同。如果你扔出去一个球，虽然球反过来推你的手，但只有球会飞出去。如果你用脚迅速地蹬地面，地面反推你并使你跃向空中——你跳了起来。你的脚施加的力也使整个地球向下运动，但效果微乎其微。

你能在自行车上

想看看牛顿定律如何起作用吗？你只要骑上自行车兜兜风就行……

用力

驱动自行车的力来自你的脚。踏板、链条和齿轮将力传送到后轮，后轮转动时推地面，从而驱使你向前。齿轮和车轮将你的脚部的微小运动转换成了相比之下距离长得多的轮胎运动。

1

出发

在你出发前，由于没有受任何力的作用，你的自行车静止不动。这是牛顿第一定律在起作用。当你骑上车并开始蹬踏板时，你用力了，自行车随之加速。这是牛顿第二定律。如果自行车非常轻，加速起来会很快。这也是牛顿第二定律的管辖范围。

2

下坡

你开始骑车下坡。此时，另一个力在使你加速：重力。你不必踩踏板就会越骑越快。实际上，你骑得有点过快了，便猛地捏住了刹车。刹车摩擦车轮，使用摩擦力让你减速。

3

翻车

哎呀！你一定是把刹车捏得太猛了。自行车停了下来，而你没有。惯性使你的身体保持匀速直线运动，结果你从车把上飞了出去。都怪牛顿第一定律。你再次上车向山下滑行。

4

溜车

当你骑到斜坡底部的时候，你不再加速，但你不必马上蹬踏板——你可以溜车。根据牛顿第一定律，你的自行车会以稳定的速度继续运动。此时，你身体的惯性在帮助你。

好大的空气阻力！

当你在平坦的路面上骑车时，阻挡前进的主要是“空气阻力”——一种由空气引起的复杂的摩擦力。压低的姿势、平滑的衣着和流线型的头盔有助于减少空气阻力。

体验物理吗？

平地

沿着平坦的地面往前溜，你会慢下来。但牛顿第一定律指出，除非受到了力，运动的物体将保持恒定的速度。因此，这里面一定有力。这个力又是摩擦力，但这次主要是由于空气把你往后推。为了保持速率，你得踩踏板来抵消摩擦力。

上坡

现在，重力又在拉自行车了，但这一次是阻碍你。根据牛顿第二定律，重力会使你减速。重力比空气的摩擦力要厉害得多，因而你不得不费更大的劲才能克服它。骑车爬坡真难啊！

转弯

道路曲折，你得扭动车把来转弯。牛顿第一定律指出，除非受到了力，否则你会保持直线运动，那么转弯时你受到了什么力呢？这实际上又是摩擦力。当你转弯的时候，车轮和道路的摩擦力偏向一边，推得你偏离直线。

7

5

6

你要遵守我的法则！强烈建议你佩戴自行车头盔——说不准啥时候你就需要保护你的脑袋。

8

稳住

那么牛顿第三定律体现在哪里？这个第三定律解释了自行车到底是怎么工作的。当你使劲让后轮转动时，后轮胎就会抓紧地面向后推。地面以同样大小的力反推后轮，驱使你前进。

什么导致了摩擦力?

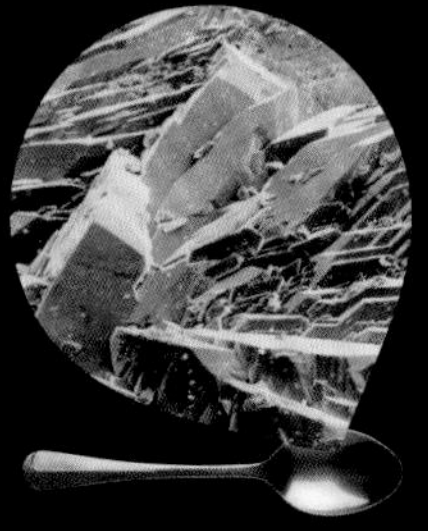

不论一个东西看起来多么光滑，实际上都覆盖着数以百万计参差不齐的微小凸起和凹陷。当两个物体相互摩擦时，微小的凸起就会相互阻碍，使物体减速。这种减缓速度的力就是摩擦力，它是运动的敌人。但有时候它也是好东西，因为摩擦力也赋予你抓力。

如何对付摩擦力

一种对付摩擦力的办法是在运动物体的表面涂上一层光滑的液体——润滑油。如果自行车上的所有部件都很好地用油润滑过，摩擦造成的能量损失就少了，自行车的运转会更高效。即使是固体也可以用来做润滑剂。雪和沙子都足够光滑，可以滑雪和滑沙，这是因为雪和沙子都是由颗粒构成的，而颗粒之间会打滑。

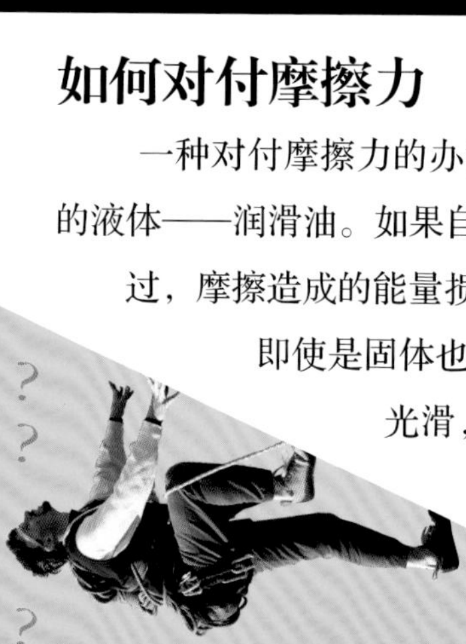

抓

附着力控制

没有摩擦力就无法走路。假如你的脚与地面之间没有摩擦力，你的鞋子就抓不住地面，结果是每一步都要滑倒。鞋底和轮胎表面深深的印迹能够产生最大的抓力或“附着力”，是在光滑路面上行进时的理想选择。

真相是不是摩擦力

苍蝇是如何爬墙的?

苍蝇能爬上墙，还能在天花板上活蹦乱跳。那么，它们为何不会落下来呢？摩擦力是其中的部分答案，然而它们的脚上还有可以伸入墙缝的细钩。不过，它们充满粘力的脚的真正奥秘在于脚掌上布满了成百上千湿漉漉的微小绒毛。那些绒毛可以紧贴在任何形状的表面上，并形成一种黏性的封闭层。

现在试试这个!

为了证明摩擦力能有多强，试试把两本平装书的书页相互交叠。向你的朋友提出挑战，让他凭借个人力量把它们拉开。它们拉不开!

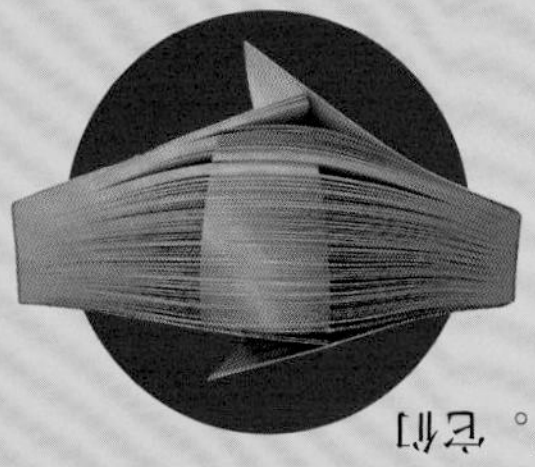

两种类型的摩擦力

摩擦力有两种类型：静摩擦力和滑动摩擦力。静摩擦力分外强大，让你很难撼动像地板上放置的重箱子这样的静止物体。而一旦箱子开始动了，你推它走就轻松多了，这是因为只有弱得多的滑动摩擦力在使它减速。

你在打滑的时候发生了什么？

小汽车和自行车通常都是用静摩擦力抓紧路面的。然而，当一个车轮打滑时，它与地面的接触点会沿着地面滑动，于是抓住地面的唯一的力就是滑动摩擦力了。由于滑动摩擦力比静摩擦力弱，小汽车和自行车打滑时抓地力小得多，更难以驾驭。

钢滚珠

轴承和润滑油做着同样的工作，减少运动部件之间的摩擦力。自行车的车轮、踏板和车把下的管子中都有轴承。

滑

抓紧！

有没有想过你的指纹实际上是干什么用的？答案是提供摩擦力。它们与鞋底或轮胎面的工作原理相同。皮肤上有孔，从中渗出汗水和油脂，使它们具有黏性。

真相是不是摩擦力

防抱死制动

如果使用恰当，自行车刹车总是会产生滑动摩擦力。但如果你捏刹车过猛，静摩擦力会取而代之，车轮会卡死，导致自行车打滑。在结冰路面上，车胎抓地力小得多，很容易打滑。如果你在冰面上骑车，注意不时地轻捏刹车，而且只用后刹。

生火

每当摩擦发生的时候，物体中的一些运动的能量会转换成热能（用力摩擦你的双手就可以证明这一点）。如果摩擦够大，产生的热足以生火。早在50万年前，人们就意识到了这一点，当时有人萌生出绝妙的想法，通过相互摩擦两根木棍来生火。

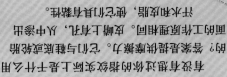

速度=

距离÷时间

你能运动

在地球上，运动的物体通常不会保
减速和改变方向。要了解它们如何运

要计算你的速率，可以用你行进的距离除以所花的时间。因此，如果2小时跑了24千米，你的速率是12千米/时。科学家们经常谈论速度而不是速率。速度是指你在某个特定方向的速率。如果你向北奔跑再转向东且不放慢，你向北的速度减为0而你的速率却没有改变。

在地球上你能运动多快？

你能运动多快取决于你所处的环境。在水中行进是缓慢的，因为水会产生很大的摩擦力。实际上，世界上速度最快的潜艇比公共汽车要慢。在陆地上，地面的摩擦力可能把你往后拉。第一个超过1224千米/时，也就是声速的陆地车辆是名为“超音速推进号”的英国跑车。超音速运动在空气中更容易实现，在空气中喷气式飞机经常突破声障，产生奇形怪状的云和音爆。

在太空中能运动多快？

在太空，由于没有空气来制造摩擦力，航天器的飞行时速可以达到数千千米每小时。而它感觉上却像静止不动一样。在太空中只有加速时你才能感受到运动的效果。而不论你的火箭的动力多么强大，你都不可能超越11亿千米/时——光速。光速是速率的极限。

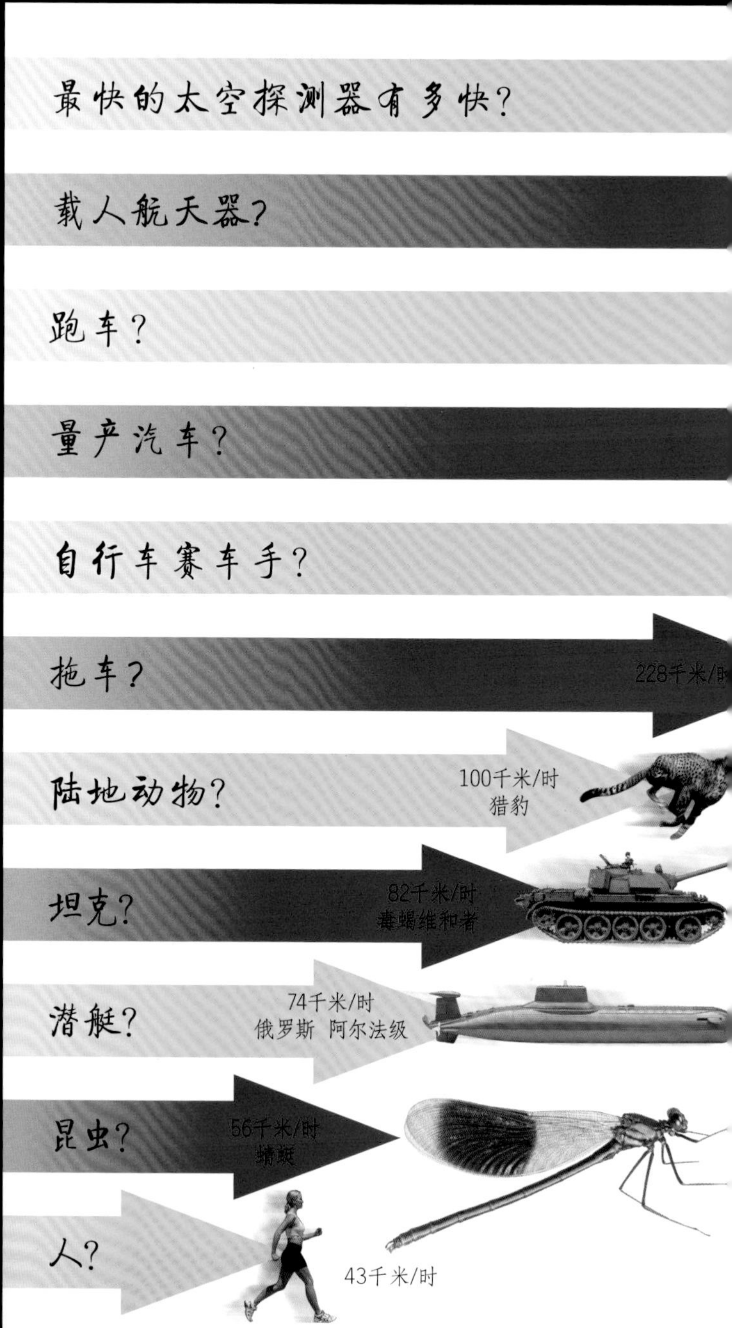

得多快

寺匀速直线运动——它们总是会加速、动，你需要知道它们的速度和加速度。

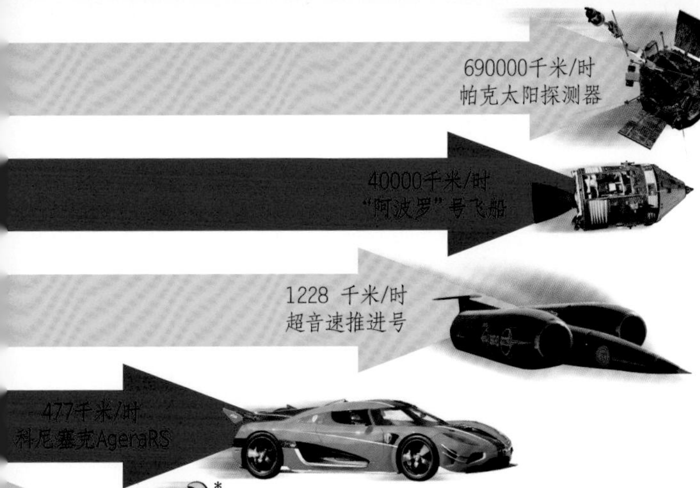

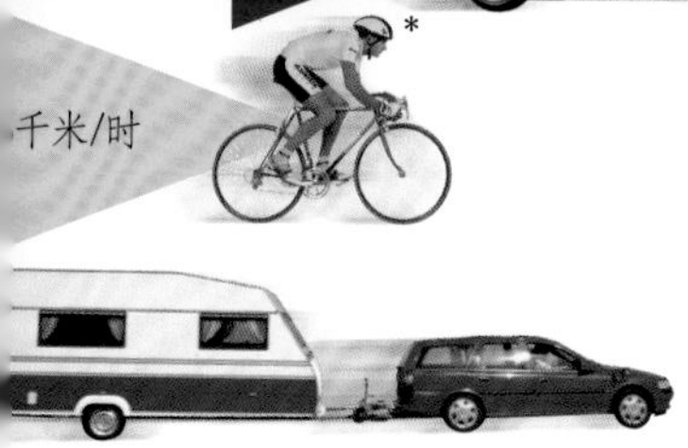

速度记录

一个物体的最大速率取决于三个因素：它的功率，它的重量，还有它要克服的摩擦力的大小。只要功率与重量之比合适，一只不起眼的蜻蜓飞得都比奥运会上最快的短跑运动员还要快。

* 这个不可信的自行车赛车记录是在行驶于拉力赛车产生的低压气流区时获得的。

你到底运动得多快？

速率是相对的。在你阅读这本书时，你可能会觉得自己静静地坐着，但是你再想想。地球在自转，这意味着你实际上在以高达1600 千米/ 时的速度向东运动。而且地球不仅仅在自转——它还以大于110000千米/ 时的速度绕着太阳飞行，这意味着你也是这么运动的。再考虑到太阳和太阳系在以 200 万千米/ 时的速度飞越太空。要照这么说，你到底运动得有多快呢？没有绝对正确的答案——结果只取决于你的视角。

加速度=
速度变化÷时间

加速度就是你的速度变化的快慢。这是一个不太好理解的概念。它不单意味着速率的增加——而是意味着速度的任何变化。加速减速都算在加速度头上，方向的改变也一样，因为速度是有方向的。

你感觉到的力是什么？

与速率不同，加速度是你可以真正地感受到的。当一辆马力强劲的汽车加速时，你会感觉到无形的手将你往座椅的靠背上推。

同样，减速时你会感觉到自己被向前推，而转弯时，你会感觉到自己被推向一边。这种推的感觉不是一种真实的力——它仅仅是你的惯性试图保持匀速直线运动而已。但它的感觉就像引力（gravity）一样，我们因此称它为惯性力（g力）。当你乘坐电梯时，惯性力作用的方向与真正的引力一致，会使你感到比真实体重更重或更轻。

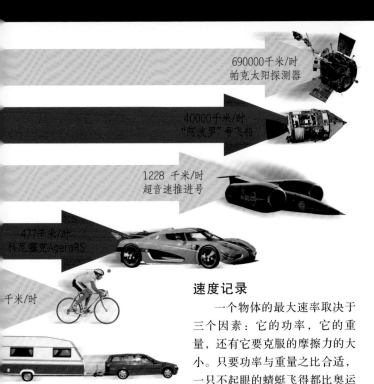

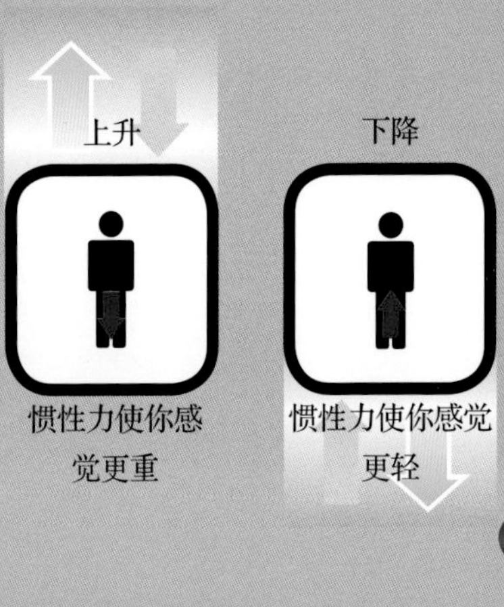

惯性力

你坐过山车时兴奋不已的感觉是由惯性力造成的。每一次扭动、翻转、上升和下降，车速都在改变。而每当速率和方向改变，惯性力都会推动你的身体。

惯性力作用于你身体的每一个部位，包括你体内那些松散地连接在一起的器官。当你向下俯冲时，你的肠胃将剧烈地向上运动并挤压你的肺的底部。而当过山车从一个谷底升起时，你所有的内部器官都会向下挤压。

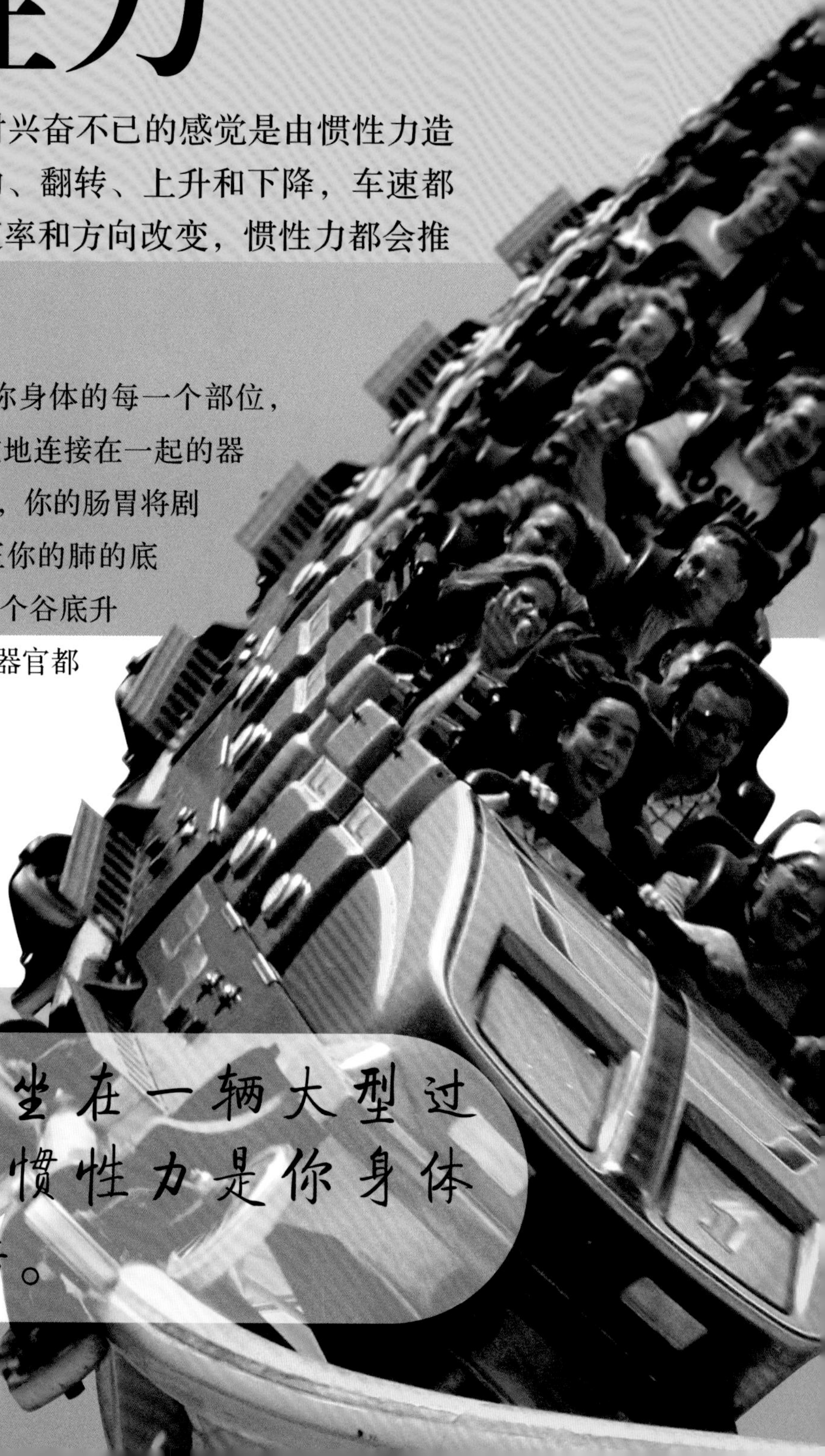

在谷底，坐在一辆大型过山车上，惯性力是你身体重量的3倍。

在过山车到达顶部时，你可以体验到负惯性力。负惯性力与重力方向相反，抵消了你的重量，使你向上浮起。前排和后排座位获得的负惯性力最大，因为它们驶过顶部时速度最快。

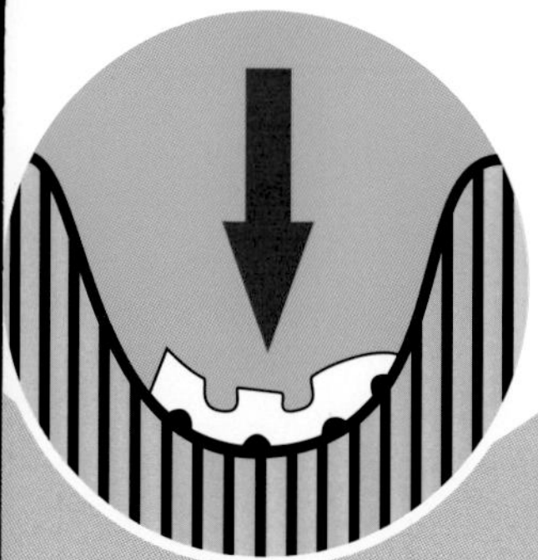

在谷底，你能感受到正惯性力，相当于大大地增加了重力，而将你挤压在座椅上，使你的重量变为三倍。中间的座位获得的正惯性力最大，因为它通过谷底的速度最快。

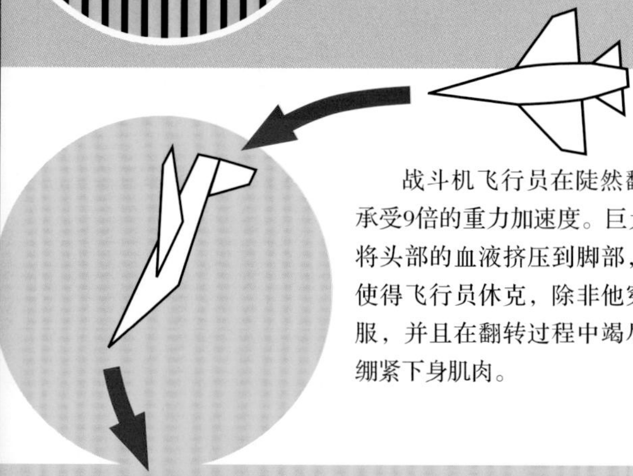

战斗机飞行员在陡然翻转时要承受9倍的重力加速度。巨大的力会将头部的血液挤压到脚部，这可能使得飞行员休克，除非他穿上增压服，并且在翻转过程中竭尽全力地绷紧下身肌肉。

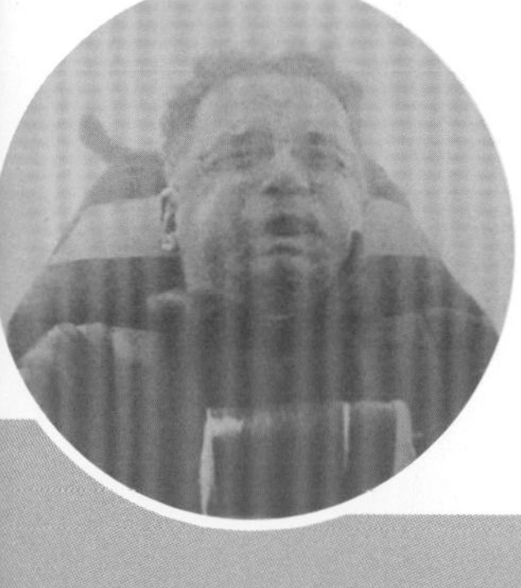

1954年，美国科学家约翰·保罗·斯塔普（John Paul Stapp）为了从事科学研究而迫使自己经受了46.2*g*的加速度。他被捆绑在一个用火箭做动力、沿列车轨道运动的雪橇上，在1.25秒的时间里，从1017千米/时减速到零——相当于以190 千米/ 时的速度撞墙。他虽然得以幸免（毕竟没有真撞墙），但他满眼是血并且短暂失明——“两眼一片红”。

你能承受几个*g*？

人的身体几乎无法承受负惯性力，因为它会把血液挤进脑袋并导致脑血管破裂。不过，有人却在短暂经历超高的正惯性力后得以幸存。

−3*g*	人能够安全承受的最大的负惯性力。
0*g*	太空失重。
1*g*	正常重力。
3*g*	在大型过山车上可体验到的最大惯性力。
4.3*g*	民航飞机设计中预设的最大惯性力。
5*g*	大多数人在大于5*g*的情况下持续一段时间就会丧失知觉。
5.1*g*	顶级赛车能在半秒钟内从0加速到100千米/ 时，达到5.1*g*。
9*g*	战斗机飞行员训练的目标是在军事演习中承受9*g*。
46.2*g*	人有意地承受的最大惯性力。
100*g*	不论时间多短，承受100*g*几乎都是致命的。
180*g*	人曾经得以幸存的最大惯性力。

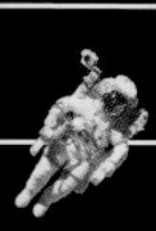

能量

没有能量，力就无法出现。力推拉某个东西，都是由能量导致的。没有能量，宇宙中什么都不会发生。

能量的类型

势能是当你举起重物、压缩弹簧或拉伸橡皮筋时储存的能量。

化学能存在于分子之中。食物、汽油和其他类型的燃料中拥有丰富的化学能。

动能是运动的物体具有的能量。物体运动得越快，所具有的动能越大。

光是以惊人的速率传播的纯能量。我们所使用的能量几乎都来自太阳光。

热是原子和分子颤动的能量。一个东西越热，原子颤动得越快。

电能是一种能够通过电线方便地传播且几乎没有能量损失的能量形式。

暗能量是导致宇宙膨胀的一种神秘的能量形式。

核能是在太阳、核弹和核电站中当原子裂变或聚变时释放出来的。

能量转换

物理学的基本定律之一就是能量永远不会被消灭。它只是在使用时从一种形式转换为另一种形式。你用于骑自行车的能量在源头上来自太阳中的核爆发。能量在到达你自行车前先要经历几种不同的形式……

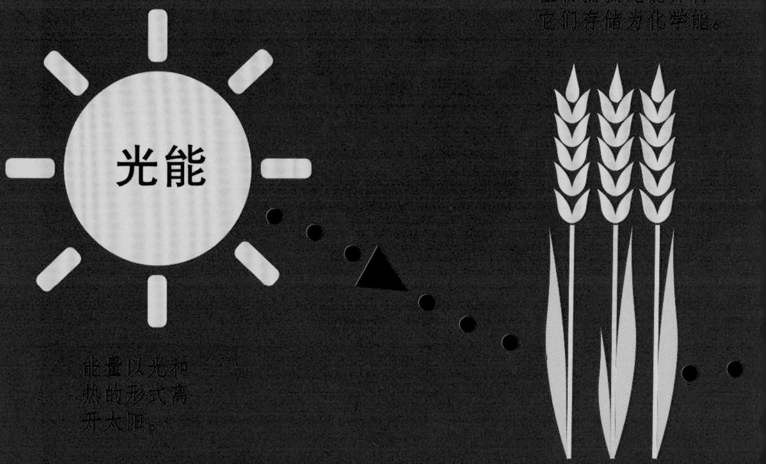

植物捕获光能并将它们存储为化学能。
光能
能量以光和热的形式离开太阳。

使你的势能最大

存储的能量有时被称为势能。当你乘坐过山车开始爬坡时，你的势能就增加了。当你坐车下山时，势能转换为动能，使你运动得越来越快。

能量如何起作用?

能量的作用有点像钱。你可以把它存起来，也可以花掉它来实现一些事。你存的能量在储存状态下什么事都没有做，但它确实有潜在的能力去实现一些事。使用能量好比花钱。你花掉它就能得到一些东西作为回报——比如火炬发出光——而最终你储存的能量会变少。

食物中蕴含着植物制造的化学能。
你的身体将来自食物的化学能存储为脂肪和其他物质。
面包
当你运动时，肌肉将化学能转换为动能（运动的能量）。
化学能
动能

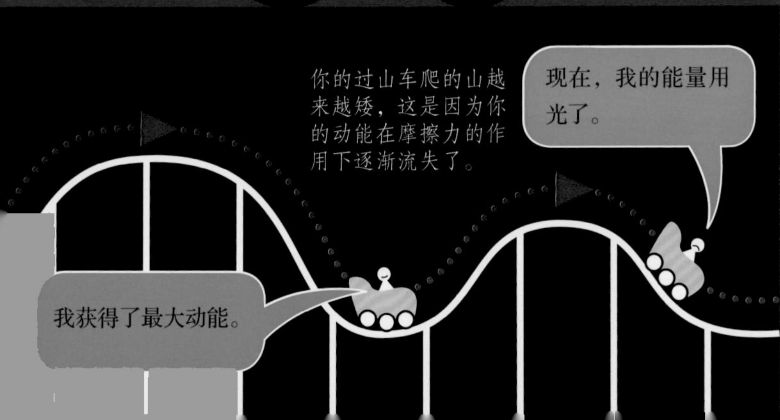

你的过山车爬的山越来越矮，这是因为你的动能在摩擦力的作用下逐渐流失了。
现在，我的能量用光了。
我获得了最大动能。

常见问题解答

怎样度量能量?

科学家用焦耳度量能量。一焦耳相当于你将一只苹果举高1米所需要的能量。在一秒钟内，一只灯泡大约耗费100焦耳，一个人短跑冲刺大约要耗费1000焦，一辆汽车耗费大约100000焦。一片樱桃派含有2000000焦——足以开小汽车走20秒钟或将200万只苹果抬起1米。

能量来自何处?

不论当你打开电灯、看电视或开车时，你都在使用能量。我们使用的大多数能量来自化石燃料，它们在发电厂中被燃烧后转换为其他形式的能量。化石燃料被称为不可再生能源，因为它们总有耗尽的一天。其他像太阳能这样形式的能量，称为可再生能源，因为它们可以源源不断地得到供应。

$E=mc^2$

原子弹爆炸时，其中的一部分物质转化为纯粹的能量。爱因斯坦的这个著名方程准确地告诉人们能够从中得到多少能量（E）。为了计算能量有多少焦耳，可以用质量（m）的千克数乘以一个超大的数：光速的平方（c^2）。这就是原子弹为何能够产生这么大威力爆炸的原因。

你如何使

任何可以使力放大的装置都可称为机械。你所使用的大多数机械都很简单，以至于你可能都没有意识到它们是机械。门把手、锤子、瓶起子和轮子都可算是机械。

机械依照一个非常简单的原理工作：你从一端输入一个力，在另一端获得不同大小——通常会更大的力。你试试用手指去拔起一颗钉入木头中的钉子。如果有一把羊角锤，这事儿就变得轻而易举，因为锤子将力放大了。

力小，距离大

斜面

最简单的机械就是斜面，它其实就是斜坡理想化的叫法。沿着一个长斜坡向上搬运重物比垂直地提起它们要容易得多。但你搬运的距离长得多，这就是问题所在。

杠杆

杠杆是有一个固定点——支点的机械，当杠杆的其余部分移动时支点保持不动。因此杠杆绕支点转动。依据杠杆类型的不同，你施加给它的力可能放大或缩小。

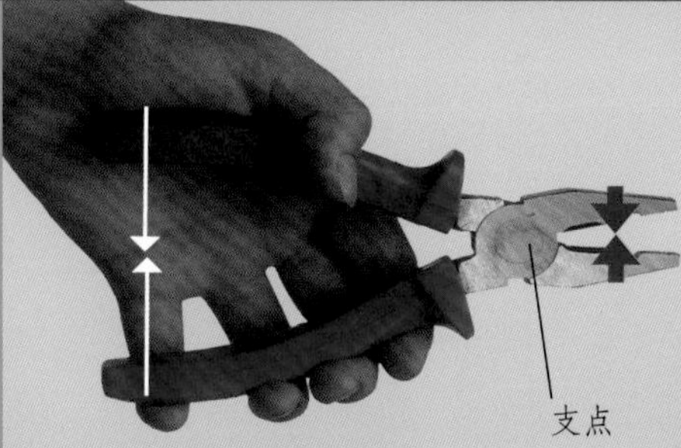

老虎钳

将手弱小的力在支点的另一边换为更强劲的夹力放大的力移动较短距离。

轮轴

与杠杆的方式相似，当轮轴在地面上滚动以帮助物体移动时，能将力放大或缩小。轮轴越大，它能改变的力的幅度也越大。

方向盘将手施加的弱的力转换为轴心部分强劲力。自行车的后轮则与相反，它将来自链条的劲的力转换为轮胎上弱小力，而移动距离则加大了。

选对了机械你就能

力变大

机械机器不会让你无中生有。问题在于：放大的力移动的距离比你输入的力移动的距离更短。所以你获得了力的放大，要以付出距离为代价。

换一种说法，你输入的能量等于你获得的能量，因为你必须遵从这个定律：

能量消耗＝力×距离

力大，距离小。

楔子

楔子工作起来与斜面类似，只不过它会移动。斧头就是一种楔子。当用斧子砍木头时，向下移动的长距离的力转化成了更大（但移动距离更短）的侧劈力，将木头劈开。

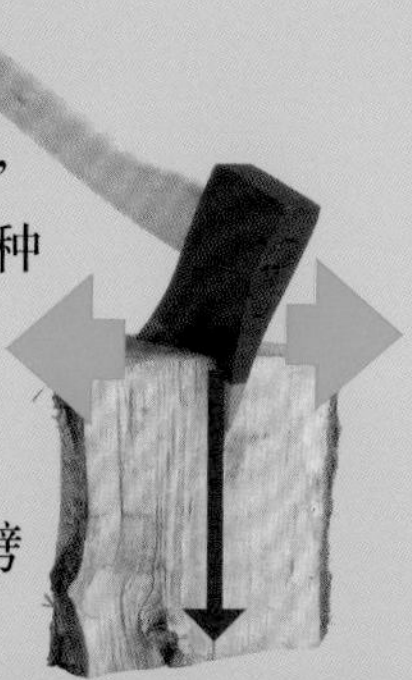

螺丝

螺丝就是一种盘绕的斜面。每转动一下，螺丝只是向木头中推进了一点点，但产生的力比你的手在另一端所使的力要大得多。大的螺丝刀会使工作更加轻松。

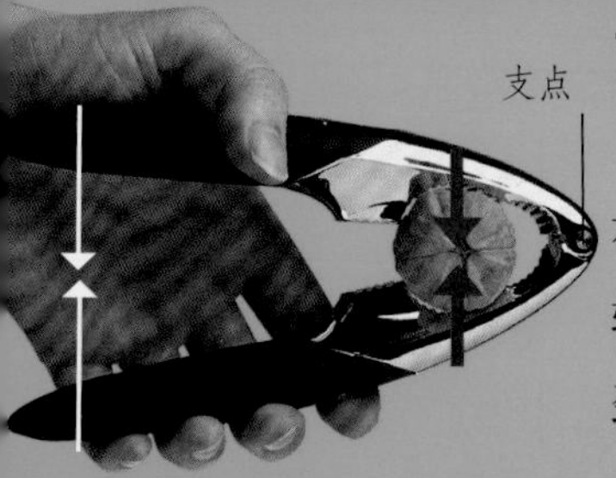

胡桃夹子

将手弱小的握力在支点同一边离支点较近的地方转换为强劲的挤压力。

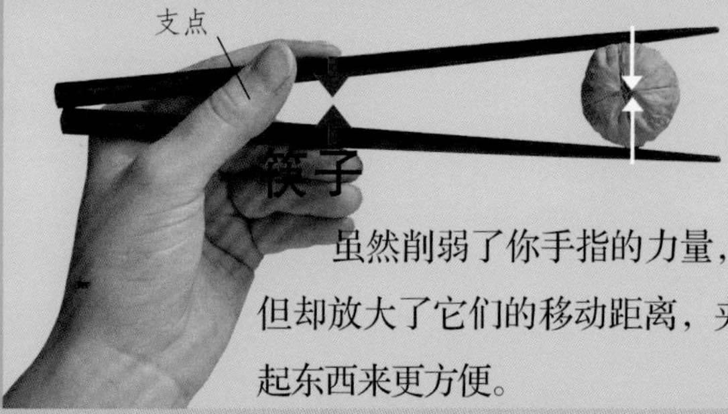

筷子

虽然削弱了你手指的力量，但却放大了它们的移动距离，夹起东西来更方便。

齿轮

齿轮是带有齿的轮轴，可带动另一个类似的轮轴转动。在汽车引擎中，齿轮直接与齿轮相接触，而在自行车中，齿轮通过链条相连接。如果第一个轮轴的齿比第二个的齿多，第二个就会转动得快些，但力更小。如果第二个轮轴的齿比第一个的齿多，第二个就会转动得慢些，但力更大。

单手抬起卡车。

自行车是如何运行的?

自行车是已有发明中最有效的交通机械，它将你输入的能量转换为单纯的前进。那么它是如何运行的呢?

为了保持平衡，自行车手必须不断调整前轮，因此前轮的轨迹比后轮波动更大。

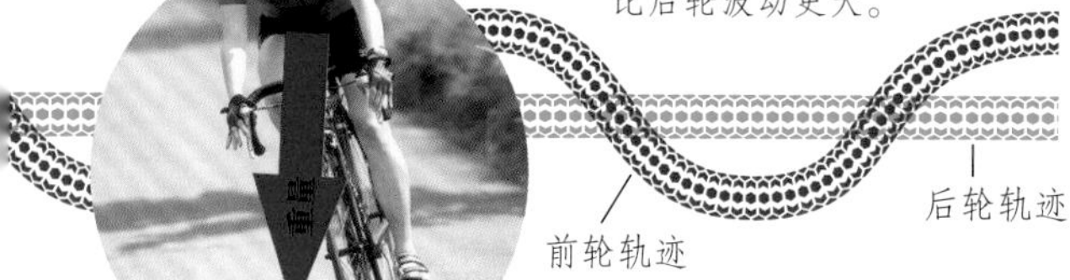

为了转向， 你只要转动车把就可以了吗? 错，自行车手实际上用他们的体重来转向而车把主要用于保持平衡。事实上，为了向左转，你要先向右稍微转一下，这使你的体重倾向左边。这就是所谓反向转动，是在不假思索中进行的。不要有意识地尝试这种转动——你可能会因此摔倒。

车轮所做的工作有两项。首先，后轮将你腿的蹬踏力传递给地面，驱动自行车前进。其次，前轮和后轮通过滚过一个小的接触点来减少摩擦力。车轮越窄，车胎充气越足，摩擦力越小，你行进得越快。

后轮辐条相互交叉而不是直接从车轴向外辐射。稍微偏离中心有助于它们承受转动车轮的扭动力。

齿轮控制速率和后轮的力。上面的齿轮将你脚转动的一圈转换为后轮的若干圈转动——适宜于平地快速行驶，下面的齿轮较慢但力更大些——适宜于骑车爬坡。

如果你突然地捏紧前刹，惯性可能将你甩出车外。安全停车的奥秘在于逐渐刹车并保持前后车刹的平衡。在雨天里，刹车要更慢和更长些。

车胎提供了足够的抓地摩擦力。车胎内的空气使它具有弹性，有助于吸收震动。

踏板将腿的上下运动转换为转动。它们也像杠杆那样工作，将脚施加的力放大，以便拉动链条。

自行车是怎样发明的?

1817年

世界上第一辆自行车是“花花公子的马”——一种用来替代马的木质运动机械。你可以骑在中间，用双脚推地面，用手调节前轮方向。

1863年

1863 年，脚踏板被安装在前轮上，“脚踏两轮车”就此诞生。你骑上这种车双脚可以不用着地，但如果想行进得快些，必须猛烈地蹬踩踏板。

1872年

为了获得更大的速率，人们将前轮做得更大。“便士法新”速度快但危险而不稳定。它非常容易摔倒，而且还倾向于使人头着地。哎呦!

车把是用于使前轮易于转向的杠杆。车把越宽，越容易对前轮做细微的调节。竞速自行车拥有“赛车车把”，有助于你低下头，从而减少空气阻力。

空气阻力

继坡道和车流之后，阻力是每个自行车手最大的敌人。在平地上骑行时，你所感受到的阻碍有70%~90%是由空气阻力造成的，如果加快速度，情况会更糟。不相信的话，迎着强风骑车试一试。

刹车通过抓住车轮边缘来产生摩擦力并使你减速。自行车的能量不会仅仅因此就消失——它转化为声音（长而尖的声音由此产生）和热。在急刹车之后，试着触摸一下轮子的边缘，看看它们有多热。

有一种聪明的办法可以减少空气阻力，那就是跟在其他自行车手的后面，那儿的空气中有一种看不见的旋涡，会给你一个额外的推力。这就是所谓的“气流拖拽”，它可以减少多达40% 的能量消耗。

能量消耗

自行车将你提供的能量的90%转化为运动的能量，这使其成为世界上最有效率的交通机械。小汽车只能将它的能量的25%转化为运动的能量，而且其中的大多数用于移动它自身巨大的重量。实际上，自行车行驶1千米所用的能量只能使汽车移动20米。你骑车1千米所用的能量比乘坐小汽车、火车、骑马，甚至跑或走都要小。

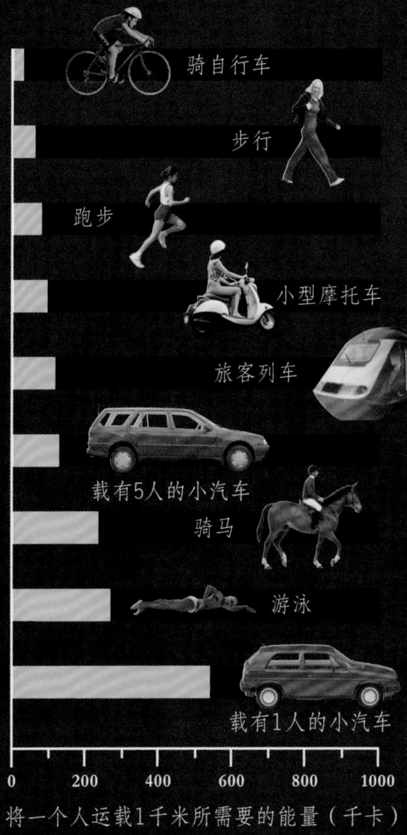

1884年

为了使自行车更加安全，前轮缩小了，踏板通过链条和齿轮与后轮相连，踩踏起来更轻松自如。结果产生了“安全自行车”，如今我们的自行车采用了这种设计。

1893年

发明于一个多世纪以前的躺骑车从来就没有直立式自行车那么流行，尽管它更加舒适、并且因为身体姿势较低减少了空气阻力而效率更高、跑得更快。

2020年

为了达到最大速度，自行车必须尽可能地轻一些。专业赛道自行车没有齿轮、刹车和车把，几乎没有轮胎，只是一个复合碳纤维构成的框架。结果使这种自行车轻到只有5千克。

你下落能有多快？

常见问题解答

你的极限是多少？

你的最终速度取决于你的体型和体重。有些东西很轻且有很多绒毛，像蒲公英的种子，吸附了很多空气，以至于最终速度几乎为零，并且能够飘浮。雨滴的最终速度是27千米/时，跟人跑步的速度差不多。猫的最终速度是100千米/时，是人的一半，恰好使它能够从高处落下而幸免遇难。

你能下落得更快些吗？

跳伞运动员能够通过改变姿势来调节他们的最终速度。通常跳伞运动员会张开四肢，以获得最大的空气阻力来阻止自己无规律地翻滚。在这种所谓的“稳定伸展”姿势下，他的最终速度大约是200千米/时，并能安全地打开降落伞。为了加速，他可以“站起”或头朝前四肢在后保持笔直。在这种更具流线型的姿势下，可以达到 290千米/ 时。

认识引力这种力如何起作用的一个好办法是从飞机上往外跳。引力在你生命中的每时每刻都在拉着你，但你下面总会有一些坚固的物体反抗它的效果。那么，当没有任何东西阻挡你下落时会发生些什么呢？

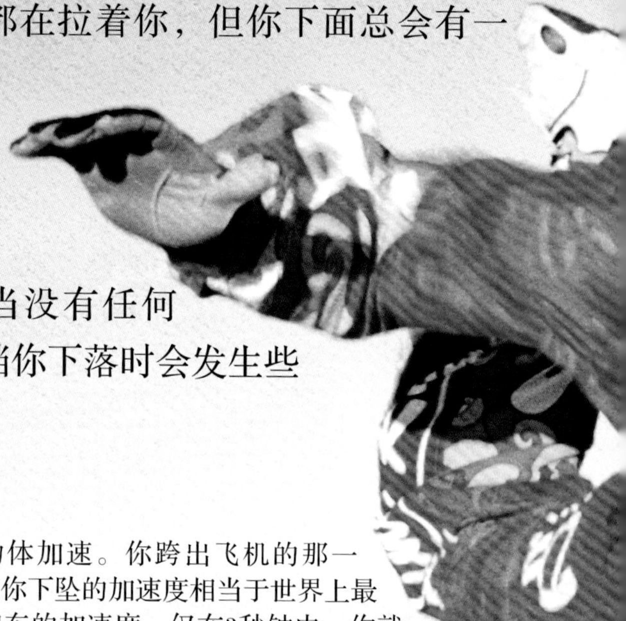

力使物体加速。你跨出飞机的那一刻，引力拉你下坠的加速度相当于世界上最快的量产跑车的加速度。仅在3秒钟内，你就超过了100千米/时。但你不会在下落过程中一直加速。当你加速时，空气的摩擦力（空气阻力）变得越来越大，直到耳旁呼啸的风声让你觉得像是飓风。下落10秒后，拽着你的空气阻力与拉着你的引力相平衡，而你也停止加速。此时你已经达到了“最终速度”。

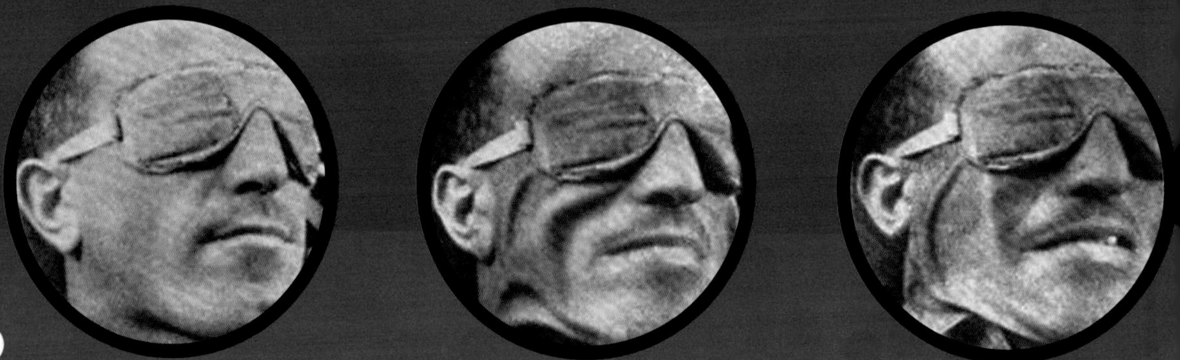

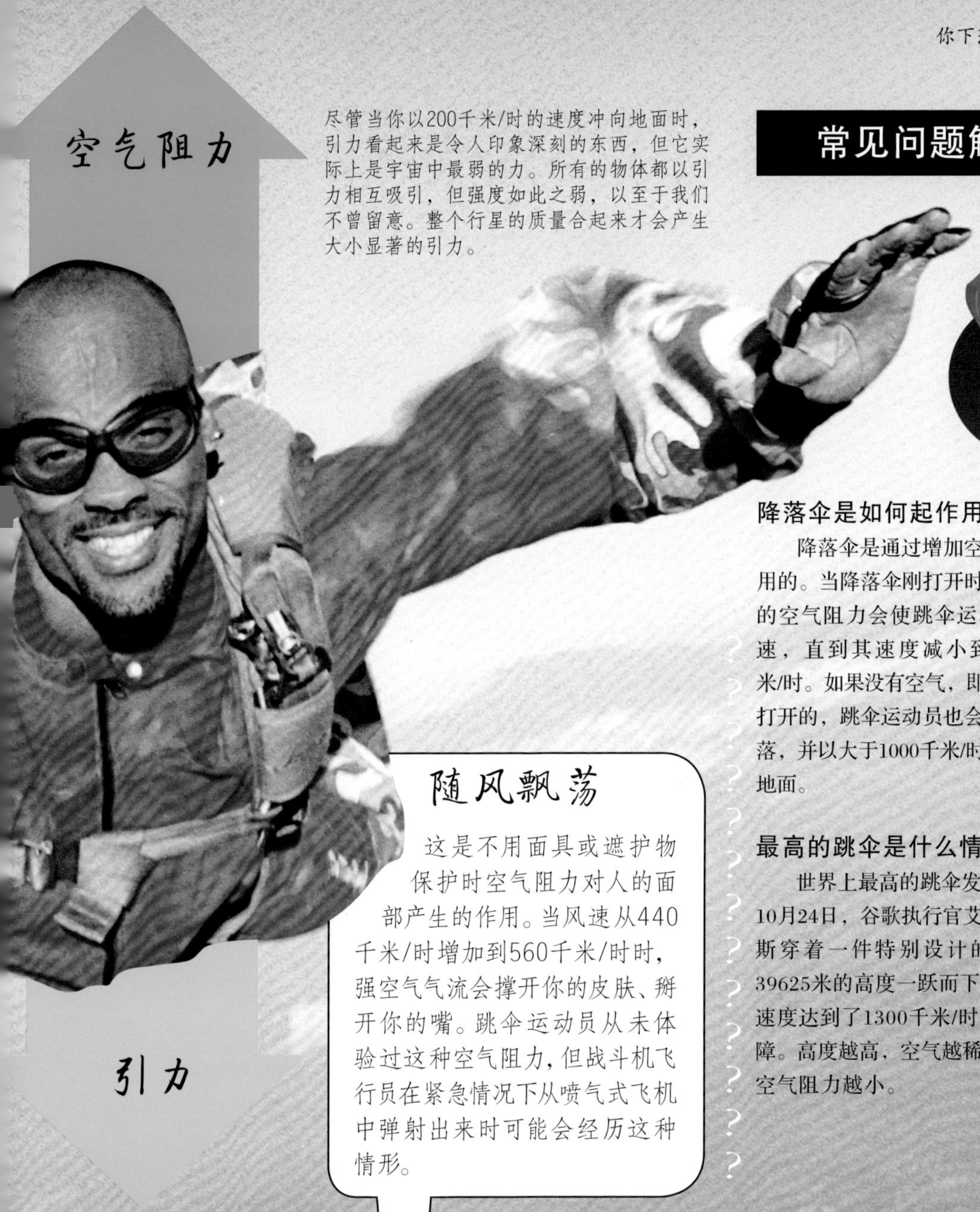

尽管当你以200千米/时的速度冲向地面时，引力看起来是令人印象深刻的东西，但它实际上是宇宙中最弱的力。所有的物体都以引力相互吸引，但强度如此之弱，以至于我们不曾留意。整个行星的质量合起来才会产生大小显著的引力。

常见问题解答

降落伞是如何起作用的?

降落伞是通过增加空气阻力起作用的。当降落伞刚打开时，突然增加的空气阻力会使跳伞运动员猛地减速，直到其速度减小到大约20千米/时。如果没有空气，即便降落伞是打开的，跳伞运动员也会全程加速下落，并以大于1000千米/时的速度撞击地面。

最高的跳伞是什么情况?

世界上最高的跳伞发生于2014年10月24日，谷歌执行官艾伦·尤斯塔斯穿着一件特别设计的太空服从39625米的高度一跃而下。他的最快速度达到了1300千米/时，打破了音障。高度越高，空气越稀薄，产生的空气阻力越小。

随风飘荡

这是不用面具或遮护物保护时空气阻力对人的面部产生的作用。当风速从440千米/时增加到560千米/时时，强空气气流会撑开你的皮肤、掰开你的嘴。跳伞运动员从未体验过这种空气阻力，但战斗机飞行员在紧急情况下从喷气式飞机中弹射出来时可能会经历这种情形。

飞机怎样

常见问题解答

什么是飞行的最佳外形?

飞机的理想外形取决于它要完成什么工作。长机翼使飞机效率更高但转弯缓慢而困难。短机翼更有益于灵活操作。

喷气式战斗机，如欧洲台风战斗机机翼短而粗，使它们能够在空中急速翻转。

机舱越大，飞机运载得越多。波音公司的"超级泡泡鱼"可以容纳并运载整架的飞机，负荷重达26吨。

由于机翼旋转，直升机不必前进就可以产生升力。结果，它们能够悬浮在空中，并能向后或侧向飞行。

振翅使昆虫比人工飞行器更为敏捷。蜜蜂每秒振翅200次，而蠓之类的昆虫一秒钟振翅多达1000次。

如果你伸出手掌，稍微向上翘起，十分小心地保持这一姿势，伸出正在行驶的汽车的车窗之外（须确保安全），就会感受到一股向上推的力。这个力就是升力，就是它使飞机停留在空气中。那么，这种升力是从何而来的呢？

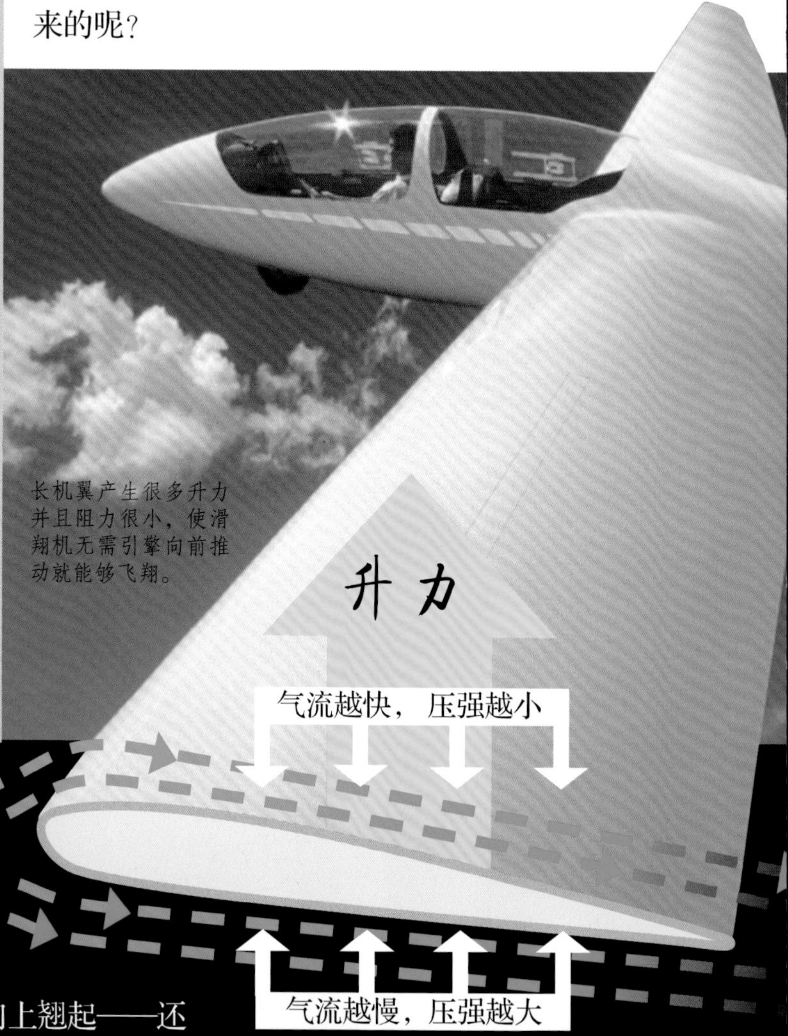

长机翼产生很多升力并且阻力很小，使滑翔机无需引擎向前推动就能够飞翔。

机翼不仅仅像你的手掌那样向上翘起——还有一种称为翼型的独特的外形，它上部圆滑下部平坦。倾角和外形一起使机翼上部的空气比下部的流动得更快。快速流动的空气气压比缓慢流动的更低。因此，机翼就受到了一种来自下方的推力，这种推力就是升力。

停留在空中?

牛顿第三定律告诉你升力从哪里来。当你在车窗外举起手掌时，手掌将空气流往下推。因此，空气必然同时以大小相等、方向相反的力推手掌。你的手掌也向前推空气，而这又对应于大小相等、方向相反的往后推手掌的力——空气阻力。

保持上升

产生升力的动力来自飞机的引擎。喷气飞机的引擎吸入大量的空气再从尾部喷出，将飞机向前推进。向前的运动使空气流过机翼，产生升力。为了保持飞行，沉重的飞机必须保持高速前进。

大型喷气式客机向它的后下方推动了一个巨大的空气之“河”，以此产生巨大的推力。

来试一试!

浮球把戏

飞机赖以飞行的原理是慢速运动的空气的气压比快速运动的空气高。这叫作伯努利效应，你可以通过表演一个魔术亲眼见识它。将一个乒乓球放入吹风机上方的气流中，球就会被困在这个区域中。当它试着要掉出去时，主气流外慢速流动的空气会将球往回推，因为它们的气压更大。

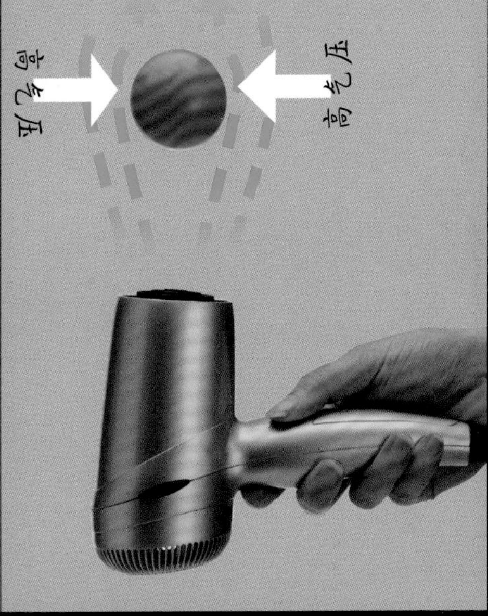

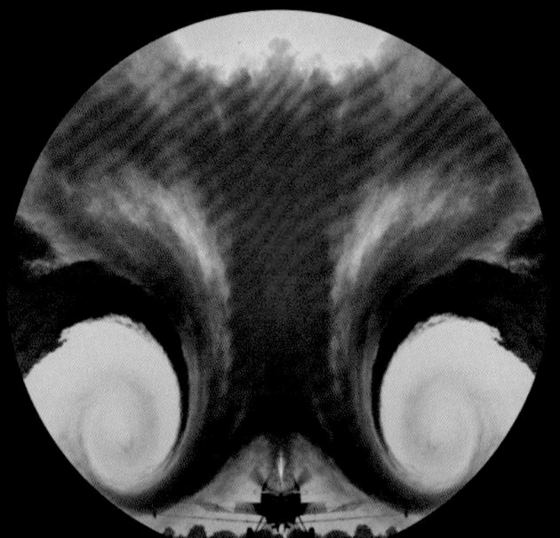

大型喷气式客机后的涡流可以将一架小型飞机掀个底朝天。

多浪费啊

在飞机的翼尖处，来自机翼下方的高气压空气旋转着移向顶部的低气压区。这种旋转运动在空气中产生了一个旋涡——涡流。这种涡流消耗了飞机的能量并导致空气阻力增加。

为什么高尔夫球上有小坑？

为了飞行，飞机通常需要尽可能的光滑和呈流线型，而高尔夫球却恰好相反。高尔夫球上的300多个小坑使它能够以比光滑的球高3倍的速度飞行。是这么回事……

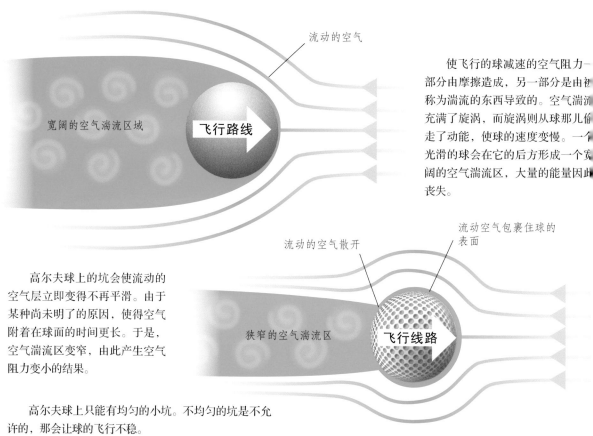

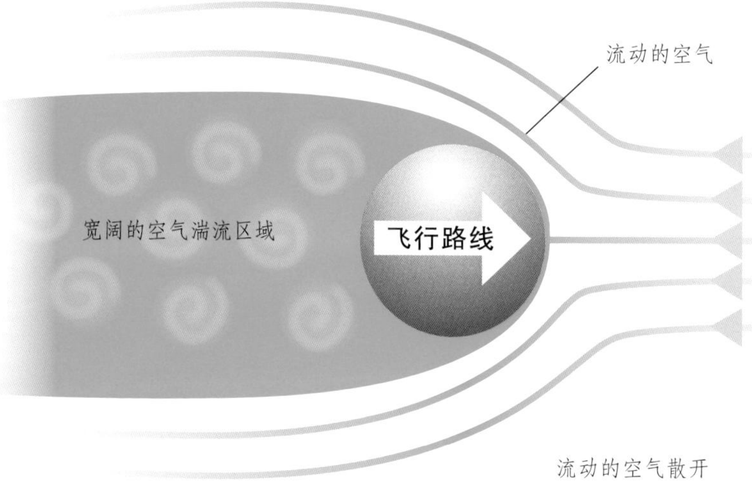

使飞行的球减速的空气阻力一部分由摩擦造成，另一部分是由被称为湍流的东西导致的。空气湍流充满了旋涡，而旋涡则从球那儿偷走了动能，使球的速度变慢。一个光滑的球会在它的后方形成一个宽阔的空气湍流区，大量的能量因此丧失。

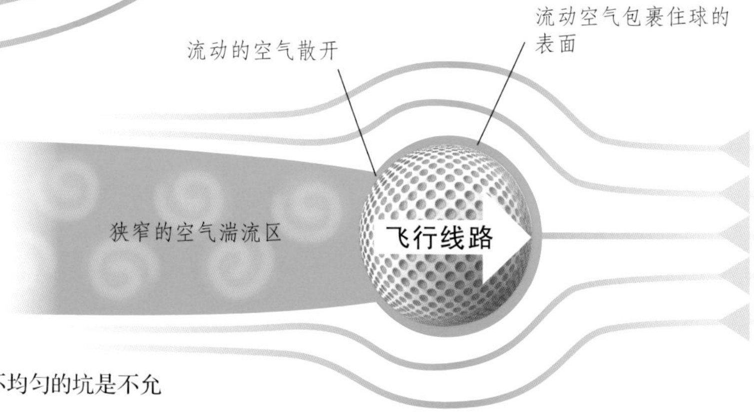

高尔夫球上的坑会使流动的空气层立即变得不再平滑。由于某种尚未明了的原因，使得空气附着在球面的时间更长。于是，空气湍流区变窄，由此产生空气阻力变小的结果。

高尔夫球上只能有均匀的小坑。不均匀的坑是不允许的，那会让球的飞行不稳。

子弹是怎样发射的？

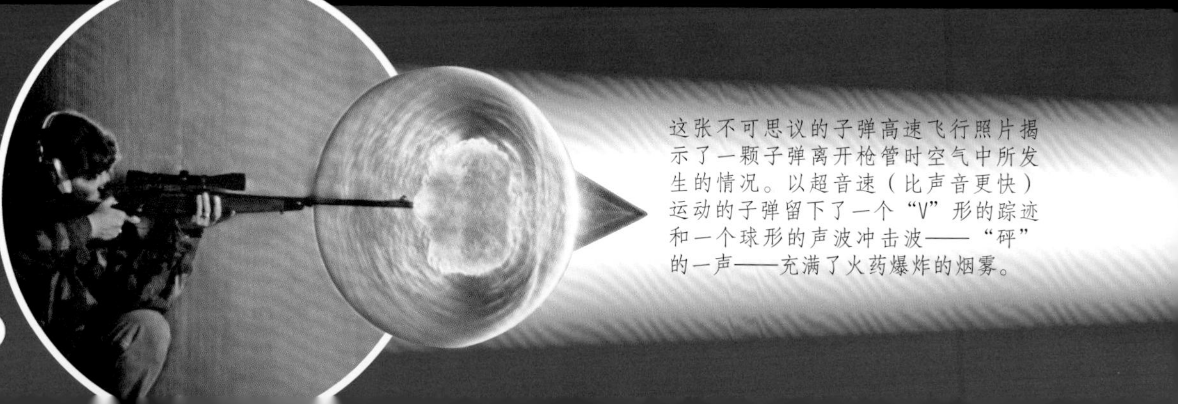

这张不可思议的子弹高速飞行照片揭示了一颗子弹离开枪管时空气中所发生的情况。以超音速（比声音更快）运动的子弹留下了一个“V”形的踪迹和一个球形的声波冲击波——“砰”的一声——充满了火药爆炸的烟雾。

你能像贝克汉姆那样让球转弯吗?

职业足球运动员不仅能使足球曲线飞行，还能使踢出的球看起来直线飞行但在最后一刻转弯并滑进球门柱中。这个奥秘就是被称为马格纳斯效应的小把戏。

5. 由于右边的空气气压大些，球被推向左边并拐弯飞行。
进球
3. 在这一边，空气旋涡与迎球而来的空气运动方向相反，这使气压增加。
2. 旋转的球拖拽包裹在它的表面的空气层，形成了空气旋涡。
4. 在这一边，空气旋涡与迎球而来的空气运动方向相同，这使气压减小。
1. 足球运动员踢中足球偏离中心的位置，使球旋转。

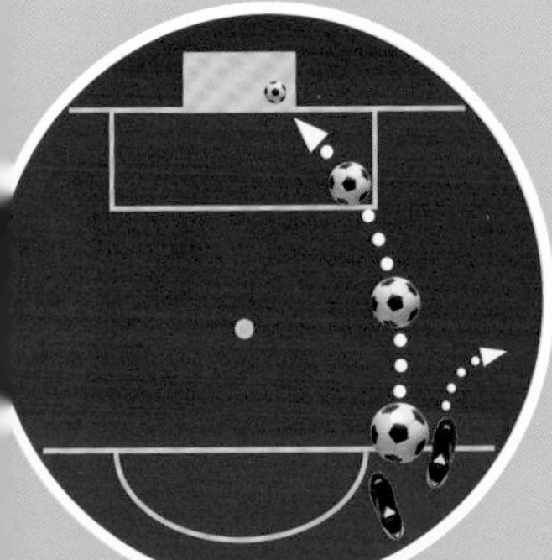

马格纳斯效应在某些速度下效果最显著。非常快的球很难沿曲线飞行，而速度慢的球转弯很急。一个训练有素的足球运动员通过给球一个恰当的速度和旋转的组合，能够控制球在何时转弯。结果，他能够使球几乎笔直飞行，而在最后一刻球速降低时转弯落网。

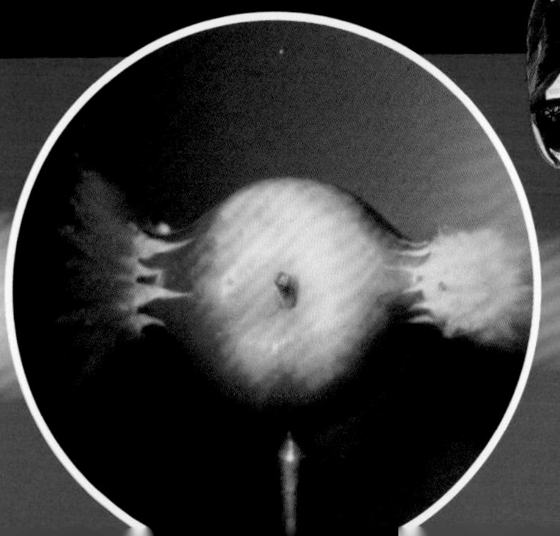

枪炮管中刻有一个螺旋槽。这个槽使得子弹在飞行时旋转，产生一种特殊的惯性（定轴性），防止子弹跑偏。旋转的子弹沿着非常直的路径前进，这使它能相当准确地命中目标。

虽然子弹很小，但由于子弹的速率很容易就超过1000千米/时，它们具有显著的动能。正是这种能量使得子弹具有很大的破坏性。

常见问题解答

为什么汽车不会飞起来？

对于快速行驶的汽车来说，待在地面是一种挑战。空气试图从汽车的底部和顶部流过，这使得整个汽车行动起来如同机翼，在加速时试图飞起来。360吨的大型喷气式客机只要达到290千米/时就能飞起来，那么1吨的法拉利赛车在300千米/时时是怎样留在地面的呢？解决办法之一是加一个扰流器——在汽车尾部装一个上下颠倒的机翼。扰流器产生与升力相反的力，将后轮往下推，同时使它更好地附着在地面上。

竞速机械

与飞机一样，汽车的外形设计服务于它们的功能。制造拉力赛汽车纯粹是为了在直线道路上加速。极长的车身以及安装在车身前后的扰流器抵消了拉力赛车飞离路面的趋势。巨大的后轮提供了推进力，使赛车在不到5秒钟内从0加速到530千米/时。

拉力赛车

汽车的

在过去的100年里，汽车的外形发生了很多变化。第一批汽车看起来像巨型的婴儿车，声音像拖拉机，而且比步行快不了多少。

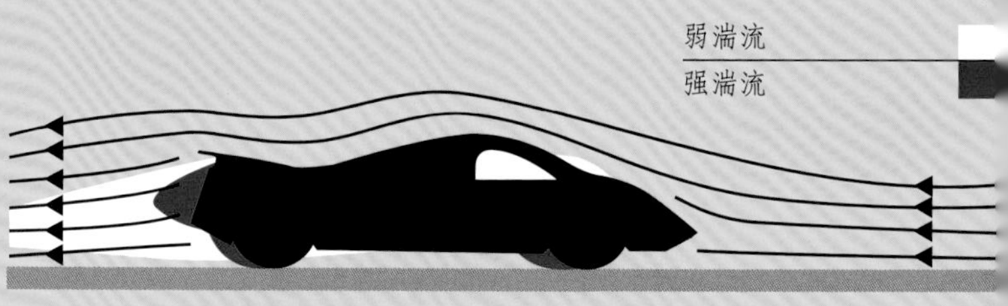

保持低姿态

空气动力学研究物体周围的空气如何流动。汽车在行进时，需要在空气中穿一个洞，而这随着速率加快会变得越来越困难。因此，空气动力学的第一条原则是要保持那个洞小一些。汽车要做得又长又平，而不是又高又方。

风洞

以前，设计者要用泥土或金属制作汽车模型，并放入风洞（左）中进行空气动力学测试，风洞中会向汽车吹起一股烟气，从而展现气流的形状。如今，这项工作可以通过计算机来完成。计算机模拟流动空气（右）的物理过程，无需花钱制作真实模型就能够使汽车的外形趋于完美。

汽车耗费了三分之二的燃料

最佳外形是什么样？

如今的超级汽车集光滑、平整、曲线美于一身，当然也跑得更快了。那么，为什么它们看起来如此不同呢？用一个词来回答：空气动力学。

不要兴风作浪

下一条原则是尽可能让空气平滑地流动。与高尔夫球和飞机类似，汽车会在后面留下旋涡状踪迹，也就是消耗能量的空气湍流。棱角分明的方盒子形状会产生大量的湍流，光滑而趋向于苗条的形状产生的湍流较小。

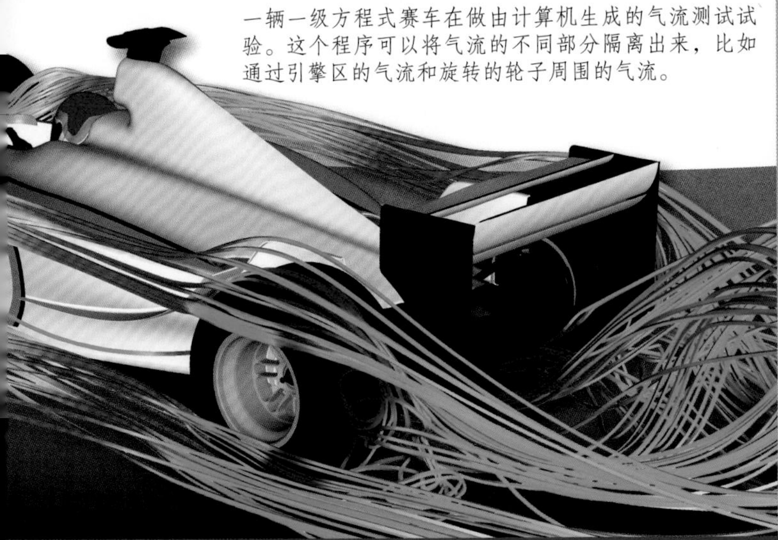

一辆一级方程式赛车在做由计算机生成的气流测试试验。这个程序可以将气流的不同部分隔离出来，比如通过引擎区的气流和旋转的轮子周围的气流。

设计技巧

保持较轻的重量

汽车越轻，加速越快。艾瑞欧·原子（Ariel Atom）跑车的重量只有普通汽车的1/3，它可以在2.9秒内达到100千米/时。为了减轻重量，这辆车没有顶棚或车身，但为减速伞留了足够的空间。

躺平

为了使空气阻力最小化，太阳能汽车像薄饼那么平坦，但驾驶员必须躺下。其平坦的外形也为汽车的太阳能板提供了空间。

引导气流

通过在汽车前部吸入空气，再迅速地将它们引导到车体下面，帕加尼·风之子（Pagani Zonda）跑车在底部创造了一个低压区，这有助于压住超轻的碳素车体。

为什么不能驾驶？

在汽车设计师开始使用风洞之前，他们制造的汽车看起来像流线型，但在物理学原理上搞错了。20世纪60年代的兰博基尼缪拉（Lamborghini Miura）跑车是当时顶级的超级汽车。它光滑、精致和迅捷——但时速在高于240千米时却完全无法驾驶，因为那时车轮就不再在地面上了。

用于克服空气阻力。

为什么球会弹起来？

如果你将装有豆子的袋子扔到地上，它会丧失所有的动能，堆放在那里。但一个弹球会像弹簧那样受到挤压，并以势能的形式把能量储存起来。当它反弹的时候，储存的能量反过来转换为动能，再次将球向上推。

网球每次撞击地面时会丧失几乎一半的动能，因此每一次弹起的高度仅仅约为前一次的一半。

弹性的

牛顿的摇篮

当物体碰撞某物体时保存动能，就被称为有弹性的。钢球的弹性很大以至于能量可以沿着一排钢球传递而损失极小。在“牛顿的摇篮”中，当一个球向下摆动碰撞其他球时，它的能量可以沿着直线传递，而最后一个球会像中了魔法一样，弹起并向外摆动。

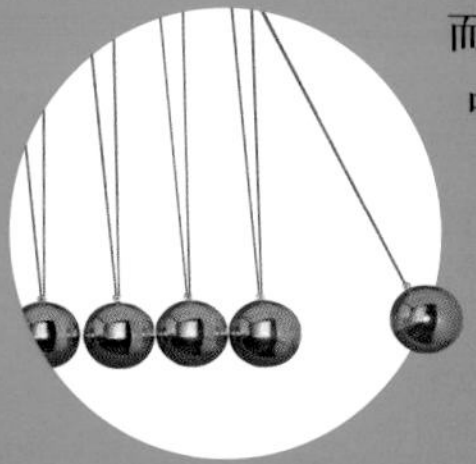

试试两球弹跳

找两个大小不同的弹球，将一个放到另一个的上端。将它们扔向坚硬的地面，观察所发生的现象。下面的球先碰到地面，再将它的动能转移给上面的球，使它弹起的高度远远大于它单独下落所弹起的高度。

当球从地面弹起的时候，

地球行星向相反的方向弹起一点点。

反弹能力

当球通过压缩而不是变形来保存能量时，球反弹得最厉害。而有些容易变形的物体，如装满豆子的袋子，完全不会反弹。实心的球反弹大（甚至包括大理石），而充气球仅仅在适当充气时反弹好。所有的球中反弹最好的是钢球，就像“牛顿的摇篮”中的那样。如果将它扔到实心的钢铁表面，反弹的高度能够达到原高度的98%。

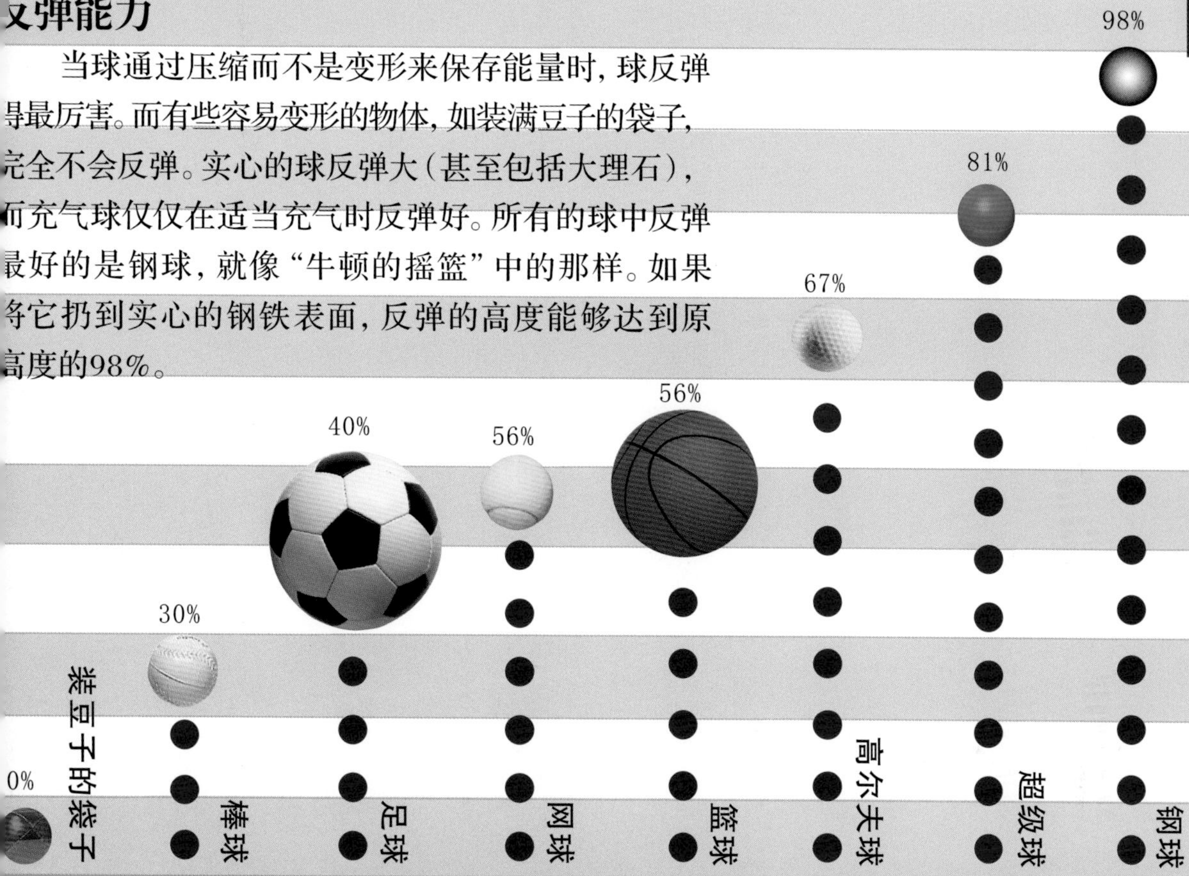

非弹性的

为什么小狗不会弹起？

当物体碰撞某物时不保存动能，就被称为非弹性的。由于小狗和人碰撞到某物时不会立即反弹并恢复原有的形状，因此是非弹性的。但是当小狗和人碰撞到球场周围的铁丝网之类弹性十足的物体时也会弹起。

非弹性碰撞

当两个非弹性物体以高速相互碰撞时，动能将转化为它们的形状变化而不是使它们弹开。在汽车相撞时，这实际上是件好事。通过挤压，汽车吸收了大部分能量，因此保护了车里的人。

你能躺在钉床上吗？

钉床由数以千计的指向上方的钉子制作而成。如果你试图躺在一张这样的床上，你肯定觉得会被刺伤数千个洞吧？实际上，假如你小心翼翼地躺上床，并不会受伤。要弄清不会受伤的原因，你就必须了解压强。

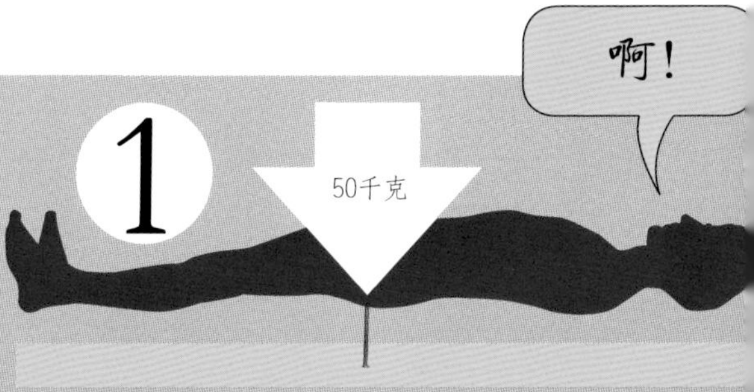

在压力下

一个集中或分散的挤压力的强弱称为压强。当你往墙上按图钉时，你的手发出的力在另一端集中于一个非常小的区域。结果，图钉压入了墙内，而不是你的手指。图钉的钉头越尖锐，压强越大，因为：压强＝力÷面积。

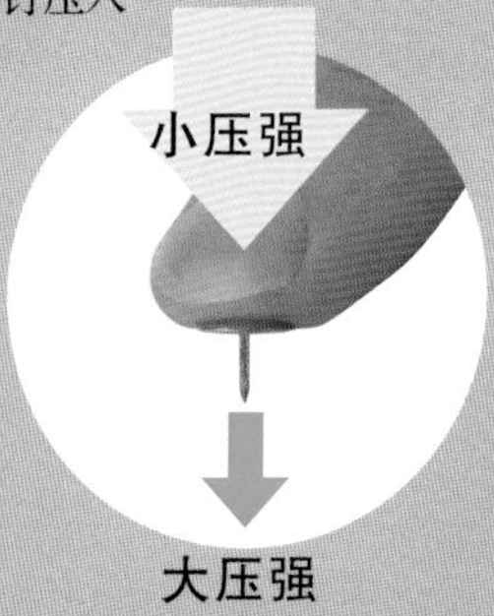

现在想一想，在钉床上压强是如何起作用的。假定你的体重为50千克，并且躺在“一颗钉的钉床”之上。你的所有重量将会集中于一颗钉子上。钉子对你造成的伤害会很大。

现在假设你躺在一个有5000个钉子的床上，而你的身体与其中的一半相接触。每颗钉子上分担的重量为50千克÷2500，只有20克——大约相当于一只记号笔那么重。所以不会造成任何伤害。

来试试这个

紧裹手臂

为了证明空气压力的巨大威力，脱掉一只手臂上的衣袖，再将这只手臂伸进一个大塑料袋里。用吸尘器的抽气管抽出空气。外面空气的压力会使塑料紧紧地贴在手和手臂的每一个地方。

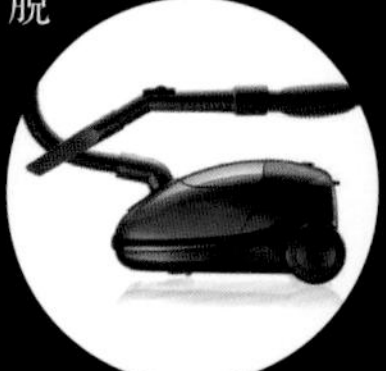

制造一个钉床

你可以用一包图钉、一个西红柿或一只玩具动物（不要使用真正的动物），看看钉床是如何工作的。开始时，使用一颗图钉，将西红柿放在它的上面。增加图钉数，减少压强，直到西红柿的重量完全得到支撑。

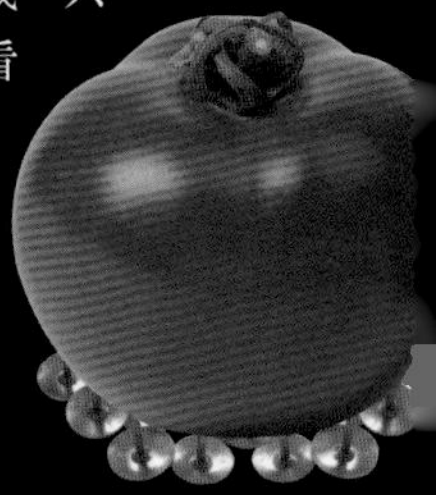

水的压强

即便是液体和气体对物体也有压强。当你在水下游泳时，水分子会挤压你的身体。当你下潜越深，在你上面的水的重量会使压强增加。在1千米深处，你皮肤上每平方厘米受到的压力大约为1吨。为了抵御这种极大的压强，深海潜水者需要穿着特殊的防护服。

为了弄清楚水的压强如何随深度的增加而增加，去掉一个塑料瓶的上端，在侧面从上到下钻一系列的孔，先用手指堵上所有的眼，再在瓶中盛满水。同时拿开手指，底部喷出的水最远，因为那里的压强最大。

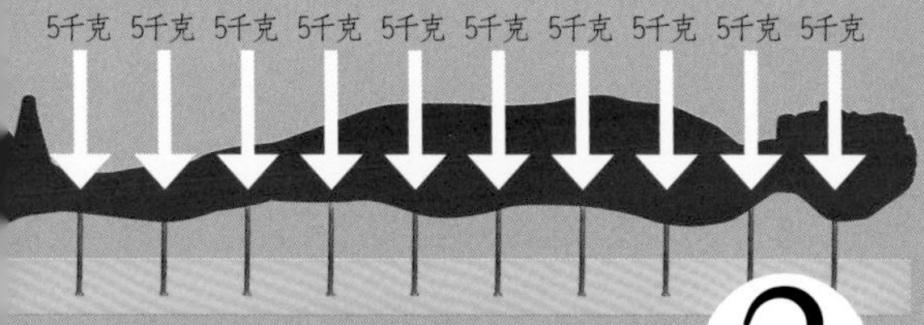

2

如果你躺在“10颗钉子的床”上，每颗钉子上的压强会变为十分之一，但依然很大。这相当于在每颗钉子上放一个西瓜。

3

空气压强

当你阅读到这儿的时候，你周围的空气正在以大约15 吨的力挤压你的身体。如果你身体里的原子不以同样大小的力反推，你会在一瞬间被压扁。当空气的压强增加而体积不变时，温度会自动地升高。当你给自行车轮打气时，你可以感受到从打气筒中透出的压缩空气的热量。

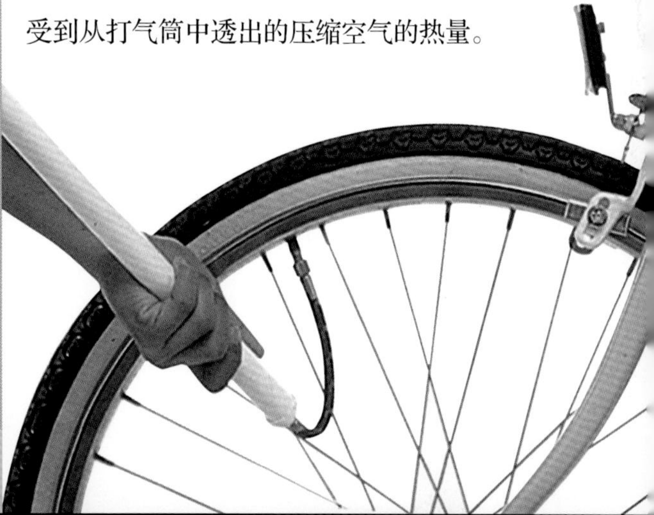

隐秘喷射器

有一个对付爱管闲事的人的恶作剧。用一支记号笔在塑料瓶上写下“不要打开”，再用针在字上扎一些小孔。往瓶中装满水，拧上瓶盖。由于空气压力将水压在里面，这些小孔不会漏水。但是，如果有一个爱管闲事的人偷偷地打开瓶子，空气从上端进入，水就喷出来了。

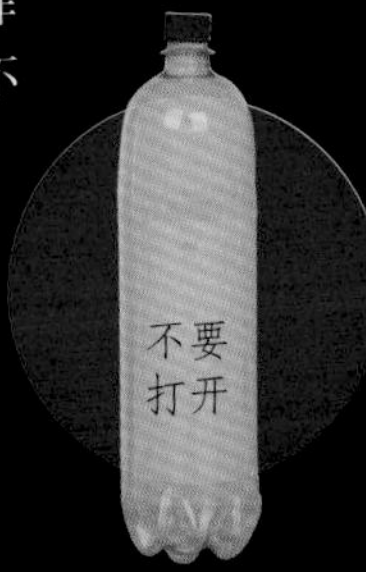

还有我的下一个把戏……

在大玻璃杯中装满水，上端盖上一张明信片。一直用手压住明信片，在水槽上方将大玻璃杯倒过来。松开你的手，而明信片会停留在原来的位置，空气压强使它保持不动。

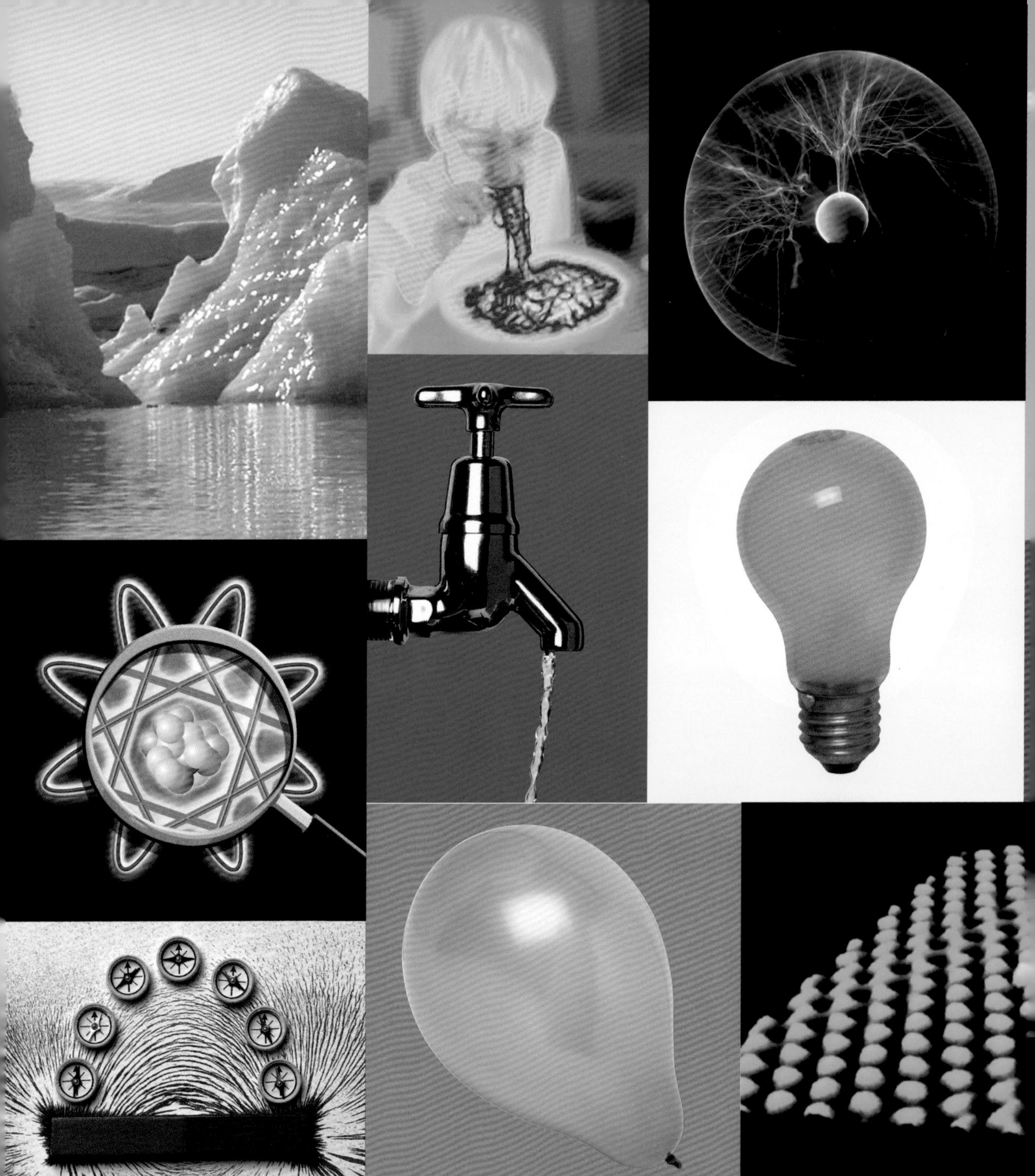

物质是什么?

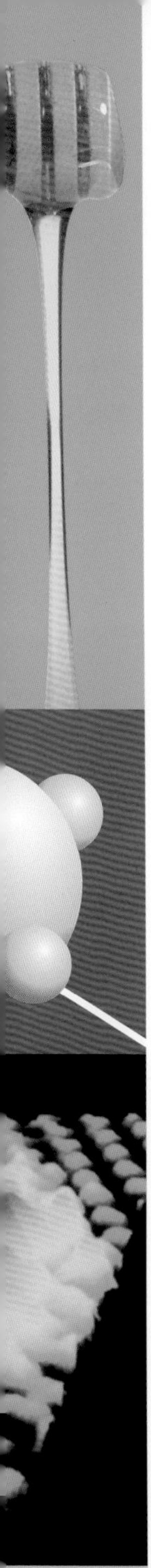

“想象你将一个苹果切成两半，将那两半再分为两半，如此这般地进行数百万次。假定你有一把相当薄的刀。

经过了数十亿年的切削之后，你或许会到达一个点，在此你再也不能切下去了。你将接触到组成宇宙中万事万物的构造之元：神奇的原子。

多年以来，科学家们认为原子可能是最小的东西。

后来，有人发现原子还可以进一步地切下去，一个奇妙的新世纪由此展开……”

物质由什么

每个物体都是由原子构成的。房屋、树木、汽车、小狗、你的气息、你的身体、雨水、空气等都是由原子构成的。

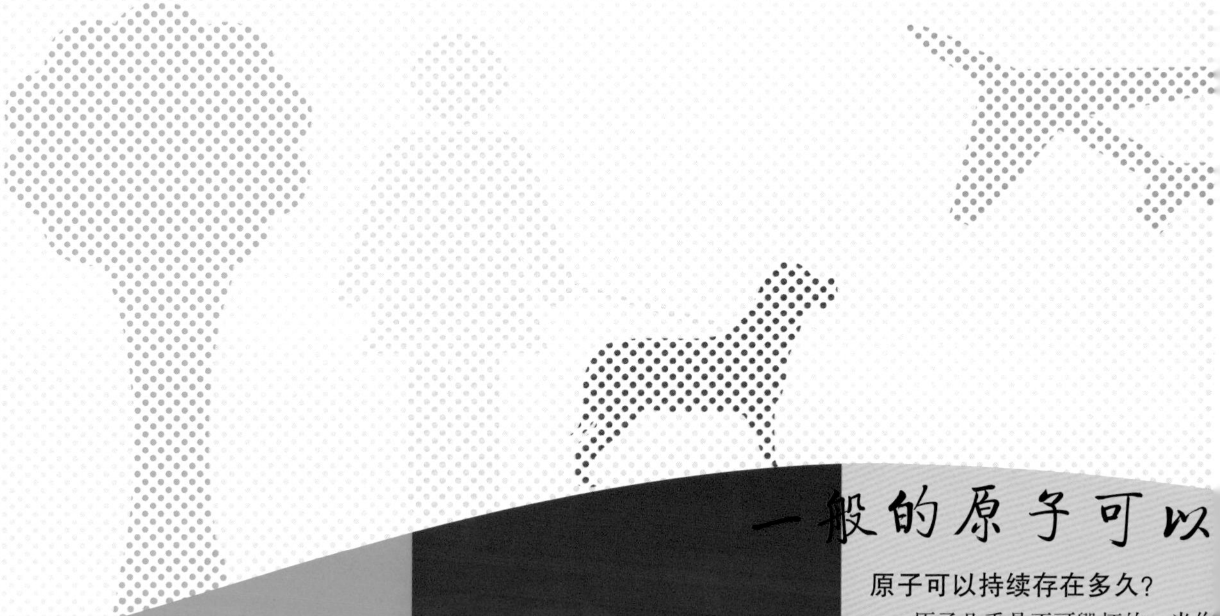

一般的原子可以

一个原子有多大？

原子很小。50万个原子排成一排还没有一根头发丝粗，一滴水拥有3万亿亿个原子。要看见下图水滴中的原子，你得将照片放大到320千米宽。

原子看起来像什么？

原子看起来不像任何东西。原子太小了，以至于不能反射光，因此这个问题没有意义。即便是这样，但还是可以拍摄到单个原子周围的电场的照片。下图所示为一层碳原子（绿色）之上的金原子（红色和黄色）。

原子可以持续存在多久？

原子几乎是不可毁坏的。当你过世的时候，你身体中的原子不会随你而去——它们得以再生。你身体中大约有10亿个原子来自恺撒、耶稣和亚里士多德。没有人确切地知道原子能持续存在多久，但有一位声名显赫的科学家认为，合理的估计是10^{35}年。

亚里士多德

构成？

你身体中几乎每个原子在进入你身体之前都是数以百万计的其他生物的一部分

持续存在十亿亿亿亿年

原子是如何被发现的？

第一个支持原子存在的真正的好证据来自一个发现，即某些化学物质总是以特定的比例相互结合（因为原子以一定的比例组成分子）。后来，科学家发现，如果假定气体是由数以10亿计的微小的富有弹性粒子组成的，就可以解释气体的压力和温度变化的方式。

你能分裂原子吗？

大约在200年前，当科学家发现原子时，认为原子是物质可能存在的最小微粒，因此不可能分裂。但是，原子的确会分裂——只要摩擦一下你的头发，就可以使某些原子分裂。可是，要使原子的中间部分（原子核）分裂却十分困难。分裂原子核会导致核爆炸。

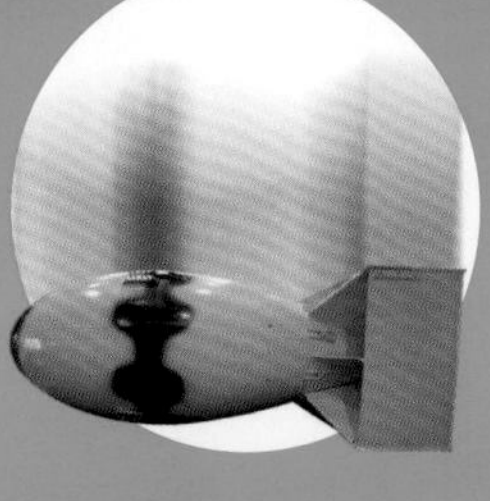

什么是分子？

原子倾向于粘在一起。它们通过强大的力互相吸引，自身结合而成的团块被称为分子。每一个水分子（H_2O）由三个原子所组成——一个氧原子结合了两个氢原子。几乎我们接触的每个物体都是由分子组成的。

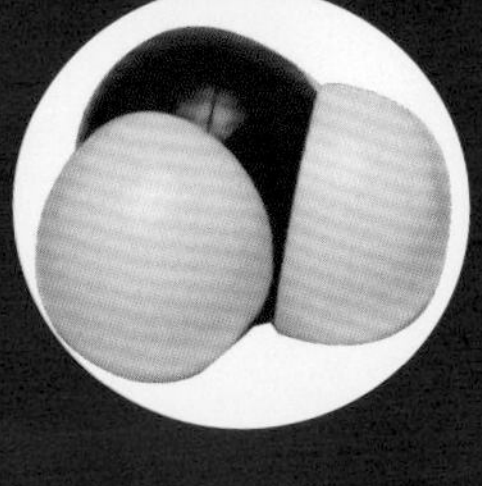

原子内部是什么？

原子有点像俄罗斯套娃。科学家以往常常认为原子是物质可能的最小粒子，但后来人们开始在原子中寻找所有种类的最小微粒。在原子核中的粒子叫质子和中子，而它们中的粒子是夸克。这也许已经走得相当远了，但有些物理学家依然认为存在着更深的层次。

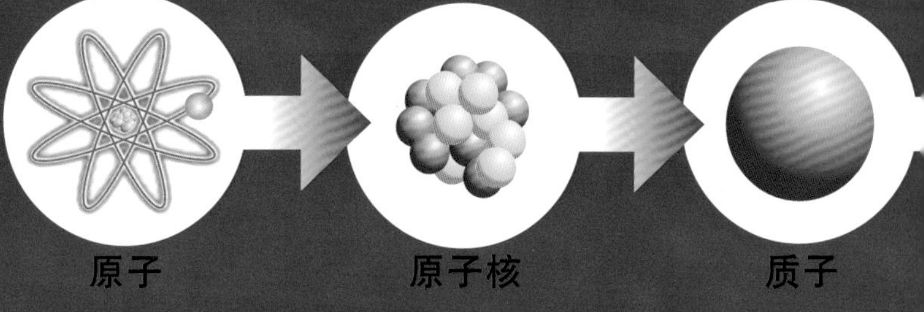

原子内部的深处是更小粒子的“动物园”。粒子们居住在一个通常的物理定律失效了的神奇的世界里。

电子

电子嗖嗖地绕着原子核运动，受到原子核引力的束缚。人们一度认为电子像行星绕太阳那样沿着轨道运行，但事实比这种想法更加不可思议。真实的情况是：一个电子从来不会在某一时间处于某一位置。它好似一种概率性的云，同时存在于不同的地方。更加神奇的是，电子无须穿越轨道之间的空间就能跃迁到一个新的轨道上——“量子跃迁”。

中子

中子跟电子相似，但不带电。事实上，中子能通过释放一个电子而带上正电，转化成质子。大多数原子拥有的中子与质子一样多，但大的原子拥有超额的中子。这些超额的中子加大了强力，使所有的质子聚集在一起。如果将中子从原子中取出，一个中子会维持886秒，然后才发生分裂。

原子核

原子核是原子实心的中心，原子的全部质量几乎都集中于此。它小得惊人，仅仅占据了原子空间的一千万亿分之一。假如整个原子有一座天主教堂那么大，原子核就相当于一只苍蝇那么大。由于电子更小（实际上大小为零），原子几乎完全由真空组成。

夸克

每个质子和中子是由三个更加奇怪的被称为夸克的粒子组成的。夸克不会单独存在——它们仅仅成对或三个三个地出现。有时，成对的夸克会没有任何原因地从无到有涌现出来，它们飞来飞去，传递着使原子核结合在一起的强力。

质子

原子核由两类粒子组成：质子和中子。质子带正电而受到带负电的电子的吸引。原子核可以聚集100多个质子，那么为什么所有这些带正电的粒子不会彼此排斥并使原子分裂呢？答案在于它们被一种强大的力结合在一起，这是仅仅存在于原子核中的力：强力。

弦

想象你缩小到了一个原子那么大，再一次缩小相同的大小，然后再第三次缩小相同的大小。你会看到什么？你会看到一圈“弦”。弦理论指出，原子中所有的粒子都是同一类型的弦上的振动，如同小提琴琴弦能够产生所有不同的音调一样。

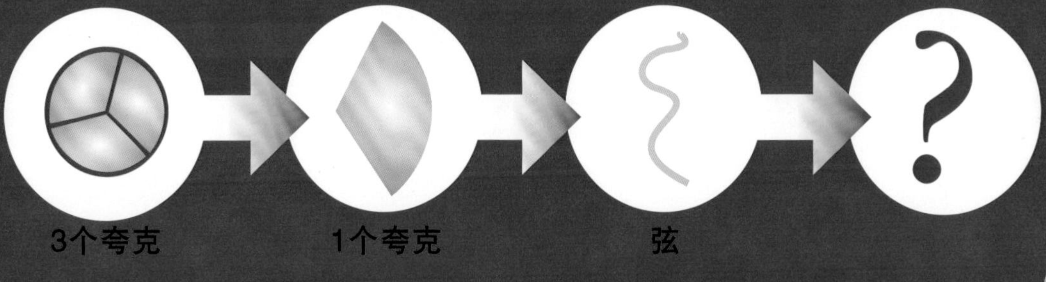

为什么气球会往墙上贴？

常见问题解答

打开电灯的时候发生了什么？

气球很会捕获电子，其他物质——如金属——则可以使电子流过它们。这就是所谓电流。当你打开电灯时，你将两个导线连在了一起，因而使电流沿着一个环路流动。运动的电子携带着能量点亮了灯泡。

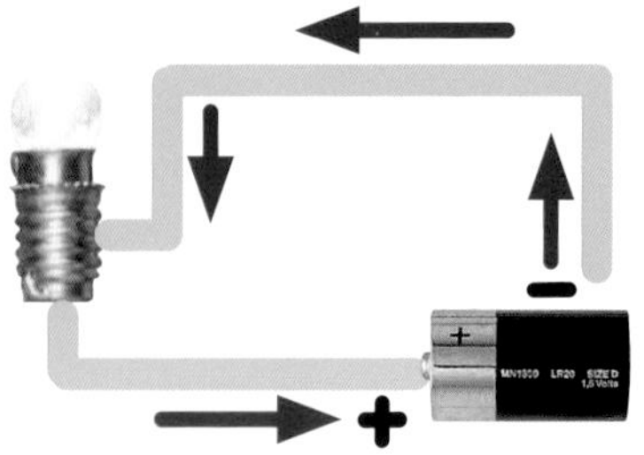

电流运动得多快？

人们一度认为电像水一样流动，但真实的情形是它更像一排弹子圆球。如果你击打一个末端的球，打击力会向前传递下去。在导线中，电子会以类似的方式相互推挤。电子自身运动得比蛇还慢，但它们的能量却能以光速飞快地传递。

什么是电？

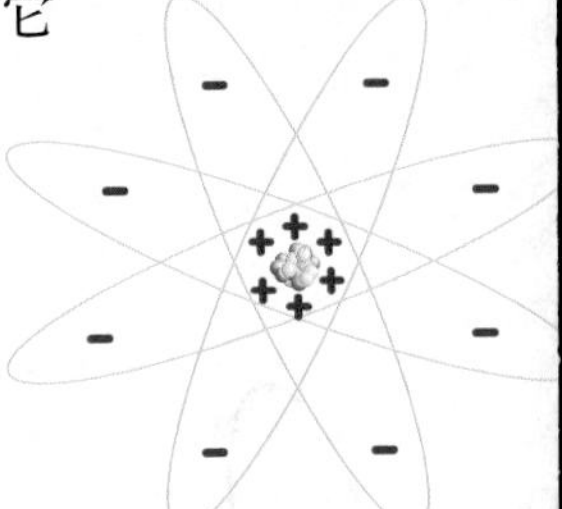

电子通常处于原子之中，这是因为它们会被一种力束缚在其中。电子带有负电荷，而原子核带正电荷。异种电荷彼此吸引（有点像磁铁的异名磁极相互吸引），而同种电荷彼此相互推开（它们相互排斥）。由于电子和原子核具有相反的电荷，它们相互吸引并结合在一起，就构成了原子。但是它们不会总在一起。有时，电子会从原子中分离，携带着电荷到别的地方去，而这就是电产生的原因。

你能使你的头发竖起来吗？

一提到电，我们通常会想到流过导线的电，但有时电子会附着在一个地方。当这种情况发生时，就会产生静电。将两个物体相互摩擦，就容易产生静电。用涤纶T恤衫摩擦一下你的头发，T恤衫就可以从你的头发上获取一些电子。你的头发因此带上正电荷并相互排斥，这使头发竖了起来。

电的简史

公元前600年或更早的时候，古希腊人已经发现了琥珀所带的静电。

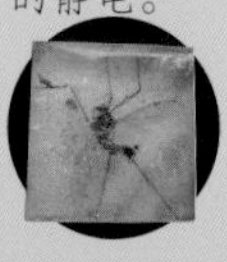

1700年

在1700年前后，科学家发现了如何制造可产生强烈火花的静电器。

1730年

英国科学家斯蒂芬·格雷(Stephen Gray)用一根丝质绳索将一个小孩吊在空中，并使他带上静电，以此证明人能够像琥珀那样带电。

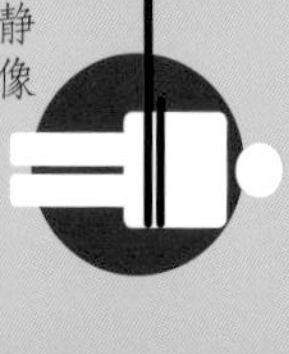

1752年

美国政治家本杰明·富兰克林将一只风筝放飞到雷雨云中，以此来证明闪电是由电造成的。他命名了正电和负电（但把极性弄反了）。

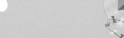

将一个气球在你的头发上摩擦几下，然后使它靠近墙壁。气球会贴在墙上，但它是靠什么支撑的呢？这与束缚电子绕原子核运动的是同一个东西：电。

气球是如何贴在墙上的？

在与头发摩擦后，静电使气球贴在墙壁上。当你摩擦气球时，电子脱离你的头发而附着在气球上，使气球带上了负电。当你将气球往墙上推时，电子也会排斥墙上的电子，使墙面带正电。这样一来，带负电的气球就贴在了带正电的墙面上。

异种电荷相互吸引，同种电荷相互排斥

为什么地毯会震动？

静电所吸附的电子一旦接触到其他可使它们流走的物体，就会试图逃逸。这发生得十分迅速，以至于会产生火花和电震。如果你穿着塑料底的鞋子走在尼龙地毯上，你的身体会采集电子。当你接触到一些金属物，如门把手时，电荷就会从你身上奔涌而出，使你受到电击。

常见问题解答

闪电是怎么发生的？

闪电是由静电导致的。在雷雨云中，冰晶上下翻动、互相摩擦。由于某种尚不知晓的原因，这使得电子聚集在云的底部，使它带上了负电。这些电荷的电量非常大，能够沿着通向大地的方向强力击穿空气分子中的电子，从而开辟出一条放电的路径——一道闪电。

一道闪电有多宽？

一道闪电只有2～3厘米宽，但却携带了巨大的能量。它以435000千米/时（270000米/秒）的速度穿行，将空气加热到28000℃并使其爆炸，由此产生的巨大声响就是我们所听到的雷鸣。大多数闪电带负电，但偶尔也有带正电的闪电从云端劈下。它们具有更加巨大的威力，可绵延数千米之远。

1753年

俄国科学家里奇曼（George Richman）试图重复富兰克林的实验，被雷电击中而死。

1771年

意大利科学家伽伐尼（Luigi Galvani）发现，青蛙腿受电击时会抽动，并由此推测电是生命的本质。小说《弗兰肯斯坦》（又名《科学怪人》）受到了这个理论的启发。

1800年

在研究了伽伐尼的青蛙腿抽动实验之后，伏特（Alessandro Volta）发明了电池。

1879年

经过数千次实验之后，爱迪生（Thomas Edison）使灯泡得到完善。

1897年

在人们开始使用电能数年之后，英国科学家汤姆逊（J.J. Thomson）于1897年发现了电子。

让你感到震撼的实验

跳跃的人

在薄纸上绘制一个小人的轮廓，将它附在几张纸上剪出一组小人。将这些纸人撒到桌子上。将一个气球或CD盒在你头发上快速摩擦30秒，再拿下来，放到小纸人上方。

正在发生什么？

气球从你的头发上获得电子而带上了负电荷。当你使气球下降时，负电荷就会推走纸人中的电子，使纸人上方带正电荷。由于异种电荷相互吸引，纸人就跳跃到了气球上。

电子跳蚤把戏

在一张纸上撒一些芥末种子、米粒或打孔器打出的圆形纸片。将一个CD盒盖放在你的头发上摩擦30秒。将盖子放在离种子一个指头那么高的地方，然后慢慢地向下移动。这些种子将会像跳蚤一样上下跳动。

正在发生什么？

CD 盒盖带上了负电荷，并将种子中的电子推向下端，使它们的上端带正电。它们向上跳动并且粘到盖子上，但它们所带的电荷随后就逐渐流逝了，种子也就落了下来。重复这一过程，使种子上下舞动。

让水转弯

打开冷水龙头，再慢慢地关紧，以便形成一种细小而流畅的水流。将气球或塑料物体放到你的头发上摩擦，使它们带上静电。手持带静电的物体，靠近水流，看看会发生什么？

正在发生什么？

气球或塑料物体获得电子因而带上了负电。当你手持它们靠近水流时，它们就会排斥较为靠近的那部分水中的电子，使这一边的水带正电。带正电的这一边的水被拉向气球，使水流发生弯曲。

这一端为正

有些物质受到摩擦时容易失去电子而带正电，但另一些物质则更容易获得电子而带负电。

皮肤　兔皮　玻璃　头发　尼龙　羊毛　猫毛　丝绸　纸张　棉布（中性）

用起电实验来震撼你的家人、朋友和你自己！大多数这类实验最好生空气非常干燥时进行——有阳光的冬日最佳。在潮湿的天气里，空气中的湿气会使静电逐渐释放。提示：确保你的头发干净而且干燥。

酸能

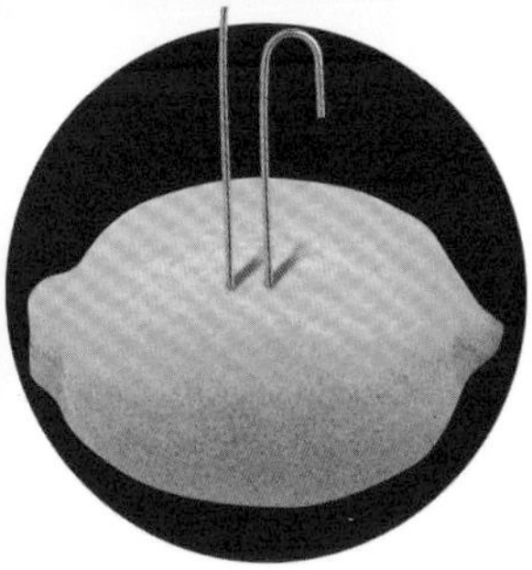

轻轻地挤压一个柠檬，然后插上一根拉直的别针和相同长度的铜丝（别针和铜丝要事先清洗干净），并使它们相互靠近（请一个成年人剥开旧电线以获取铜丝）。用舌头同时舔压两根导线，你就会有一种麻刺的感觉。

正在发生什么？

这个柠檬是一个电池。柠檬中的酸与两根金属丝都发生了化学反应。电子从铜丝流出（使铜丝带正电）并积聚在别针上（使别针带负电）。当你舔导线时，你就使电路闭合了，电流便流过了你的舌头。

耍蛇者

在一张轻薄的纸上绘制螺旋图案，再沿着线条剪开。将一只塑料笔在你的头发或者羊毛衫上剧烈摩擦30秒钟。手持笔杆使它靠近纸螺旋的中部，然后慢慢地提起。

正在发生什么？

塑料笔从你的头发上获得了电子，带上了负电荷。当你手持它靠近纸的时候，它会排斥电子。纸就带上了正电，并且向笔靠拢，向上升起，仿佛是你将它提了起来——恰如蛇受到耍弄似的。

黑暗中的火花

1. 将收音机（非数字式）的天线完全拉出。使一个气球在你的羊毛衫上摩擦生电，并看看它能否附着在羊毛衫上，以确认它带了静电。然后带着它，缓慢地靠近天线并且注意听。你听到了什么？气球依然附着在羊毛衫上吗？

2. 打开收音机，选择AM或中波，并且调在没有电台的位置。将音量调到最大。再次使气球生电，并再次缓慢地将它带向天线。你听到了什么？

3. 在一个完全黑暗的房间里，使气球生电并再次与天线接触。你看到了什么？

答案

1. 当电子跃向天线时，你可以听到“咯咯”声。气球不再附着在毛衣上了，因为电荷已经释放出去了。

2. 你可以听到更大的“砰砰”声，因为收音机接收到了这些电闪，将它们转化成了声音。

3. 当电荷穿越空气的时候，你会看到微弱的闪电——微缩的雷电。

按照秩序排列，这些物质是科学家所说的“静电系列”。为了更好地产生静电，应使图中处于相反的两端的材料相互摩擦。

这一端为负

钢铁（中性） 木材 琥珀 橡胶 黄铜 金 聚酯纤维 聚苯乙烯 聚乙烯 塑料薄膜（PVC）

常见问题解答

为什么地球具有磁性？

地球是一个巨大的磁体，但其原因却是一个谜团。科学家一度认为地球中心必定有一个巨大的磁铁。尽管地心是富含铁的，但不可能成为磁铁，因为铁在760℃以上时就会失去磁性，而地心温度至少有1000℃。一种解释是熔化的地心含有可产生磁场的涡旋电流。

为什么地球会上下颠倒？

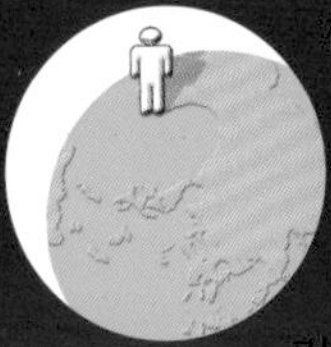

地球的北极实际上是这颗行星的磁南极，而南极则是磁北极。如果你不相信，用细线系一块磁铁，磁铁的北极会指向地球北方。由于异名磁极相互吸引，地球的北极一定是磁南极。

什么是北极光？

地球磁场使我们与从太阳涌出的电子流——“太阳风”相隔离。但有一些电子进入了这个保护网。它们在磁场的拖拽下沿着磁场线前行，冲入北极和南极，带来神奇斑斓的云彩，将夜空点亮。

太阳是一块磁铁吗？

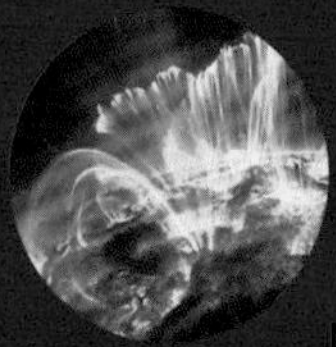

太阳是比地球要强大得多的磁体。它的内部在不停地搅动，磁场因受到扭曲而缠绕着。由超热气体组成的巨大风暴从太阳中喷薄而出，沿着扭曲的磁场线环路流动，形成了“日珥”。

磁体是如何

电子飞快地绕原子运动时，不仅直接产生电，也导致了磁性的神奇力量。

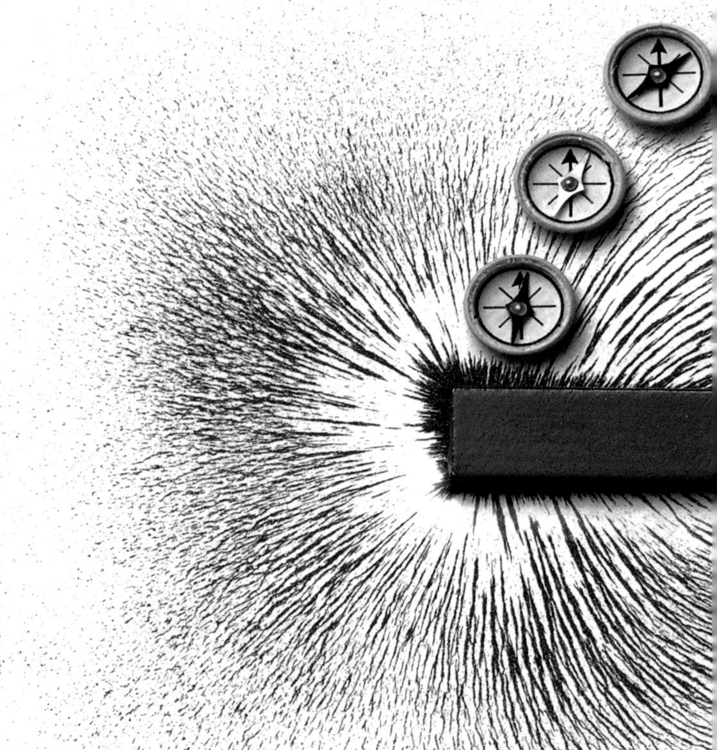

磁体被某种东西所环抱着，那就是所谓“力场”。它虽然是不可见的，但如果在一张纸上撒满铁屑，再放上磁铁，你就可以看到它。铁屑会轻轻晃动，直到它们沿着磁场线排列。它们还聚集于磁极，那里的磁场最强。

起作用的？

不论何时，电子一旦运动，就会在它周围产生磁场，跟条形磁铁周围的场一样。每个原子都有电子，因此每个原子都是有磁性的。在通常情况下，物体中的原子磁体杂乱无章地排列在一起，它们的力场相互抵消。但是，在有些材料（如铁）中，原子的磁场可以有序地排列在一起。于是，整个铁块表现为一个磁体。

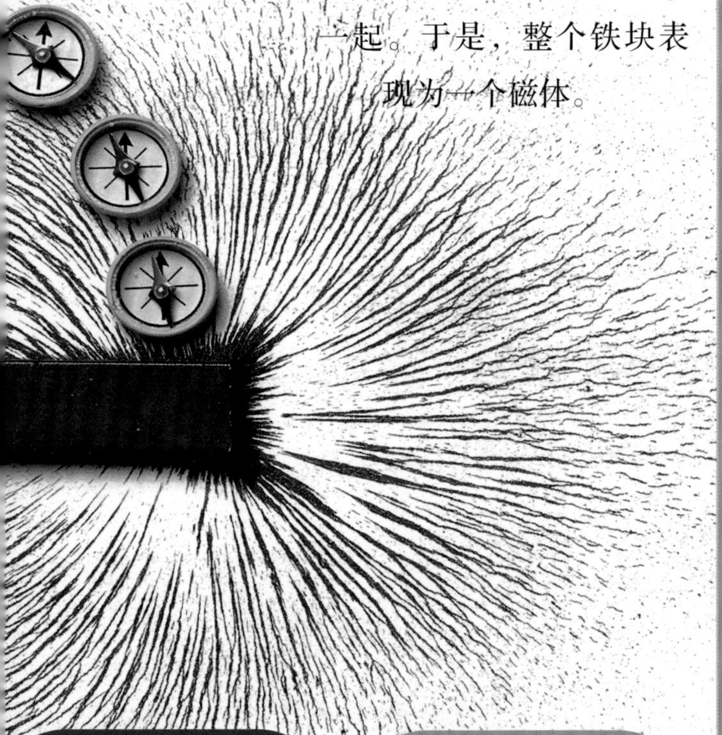

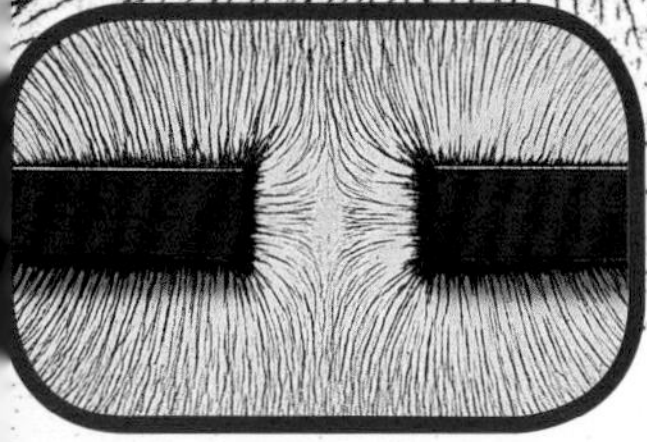

使两块磁体的同名磁极相互靠近时，它们会彼此排斥。它们间的场较弱，力线在此转弯离去。

使两块磁体的异名磁极相互靠近时，它们会强烈地相互吸引。力场很强，力线穿梭于两块磁体之间。

常见问题解答

电能生磁吗？

尽管磁和电看起来像是很不相同的东西，但它们实际上是同一种力的不同方面，这种力就是电磁力。有关两者相互关联的念头最初产生于1802年，当时一位意大利科学家偶然发现通电导线会使指南针的磁针来回摆动。导线中运动的电子产生了一种磁场。英国科学家法拉第（Michael Faraday）继续发现，相反的情形也会发生：如果在导线附近移动磁体，运动的磁场能够生电。法拉第发明了一种由机械运动发电的方法。这是截至那时最伟大的一项发明，时至今日，几乎所有的电能依然是依照这种原理获得的。

制作一个指南针

如果你有一块强磁体，可以用它来制作一个指南针。用磁体轻轻地沿着一个方向摩擦一根钢针，只需要15秒钟。将钢针插入一块软木或泡沫塑料之中，让它们漂浮在水面上。钢针会转动，停止时指向北方。

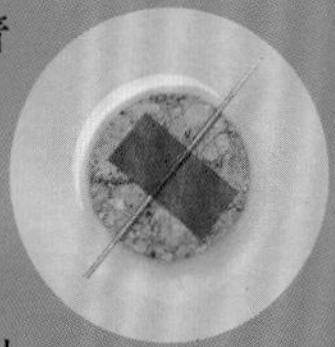

什么可制造最好的磁体？

钕磁体是由铁、硼、钕混合物制造的，比一般磁铁的磁性大20倍以上。在耳塞中有小的钕磁体——如果你有一副耳塞，试试用它拾起曲别针或大头针。一个硬币大小的钕磁体可以提起10千克的重物，并能通过你的手拾起金属物体。

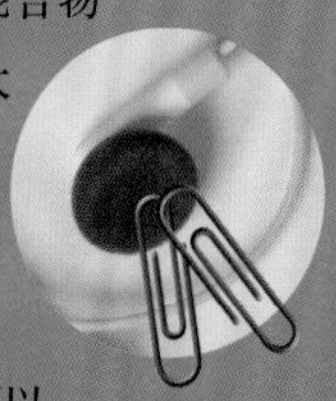

你能感觉到热吗？

假想你有一个功能强大的显微镜，它能移向目标，看到原子和分子。你会看到原子和分子的轻微振动。这种轻微振动就是热。原子振动得越快，它们感觉起来就越热。温度就是用于度量这些振动的原子运动得多快的物理量。

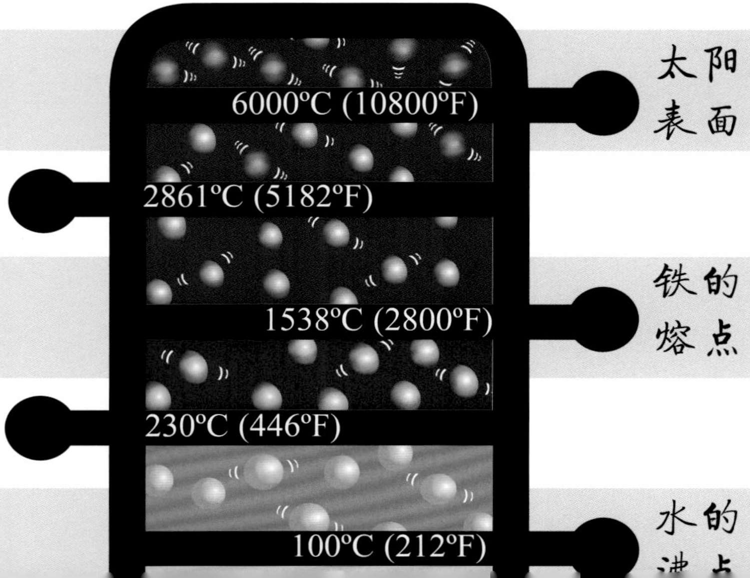

热的三种传播方式

传导

分子相互碰撞时会交换能量。当你手持一杯热咖啡时，热通过杯子传导到你的手上。

对流

空气变热时，它会膨胀并变轻。结果它会带着热能往上升。热空气上升，冷空气下降，这就是对流。

辐射

热物体通过一种被称为红外线的不可见射线释放热量。你可以感受到太阳的红外线给你的皮肤带来的温暖甚至灼伤。

常见问题解答

为什么金属冷而木头热？

即使温度相同时，金属摸起来通常感觉比木头冷。为什么会有此差异？就传导热量而言，金属导热性要好得多。它们会迅速将你手上的热传导走，使你的皮肤变凉。

如何留住热？

不良的导热材料擅长保持热量或“绝热”。那些保留了很多空气的衣服更能保暖，因为空气是很差的导热材料。

我们居住的房屋，安装双层玻璃

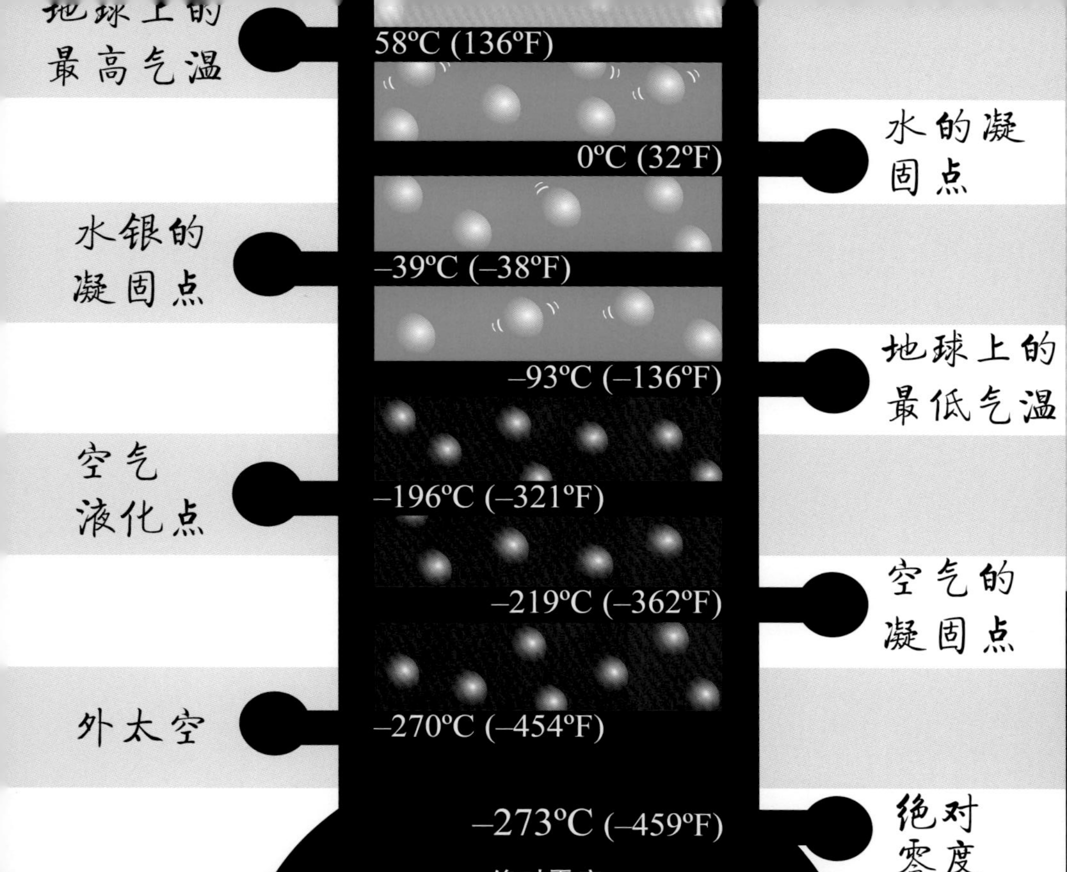

绝对零度

是可能具有的最低温度，绝对零度下的原子没有动能，停止运动。实际上，不可能通过任何途径使温度降到绝对零度，但可以逼近它。在接近绝对零度的百万分之一度范围里，会发生奇怪的事情。原子不再单独存在，而是移动聚集到一起，形成了一个单个原子大小的物体——“玻色－爱因斯坦凝结”。

你能看到热吗？

尽管红外线对我们的肉眼来说是不可见的，但特殊的照相机仍可以探测到它们并拍下“热量的照片”或称为热相。在这张一盘意大利式细面条的热相中，热区显示为红色和白色，而冷区显示为蓝色。

什么东西具有的热量更多——一支冰激凌还是一杯咖啡？

一个物体的温度使你知道它的原子在以多快的速度运动，而不是它具有多少热能。一杯咖啡的温度比一支冰激凌高，而冰激凌则具有更多的热量，因为它的原子数目要多出好几倍。

制造一个热机

这种聪明的机器可将热能转化为运动。按照下图所示的形状（但要大一些）剪出一个纸片。沿着打点线对折，然后使它平衡地放置在铅笔尖锐的一端。将铅笔插入并立在一块橡皮泥上。双手竭尽所能地用力摩擦10秒钟，以便摩擦生热。再将手掌放在纸的下面。热空气通过对流会上升，吹动风扇，使它旋转。

物质的状态

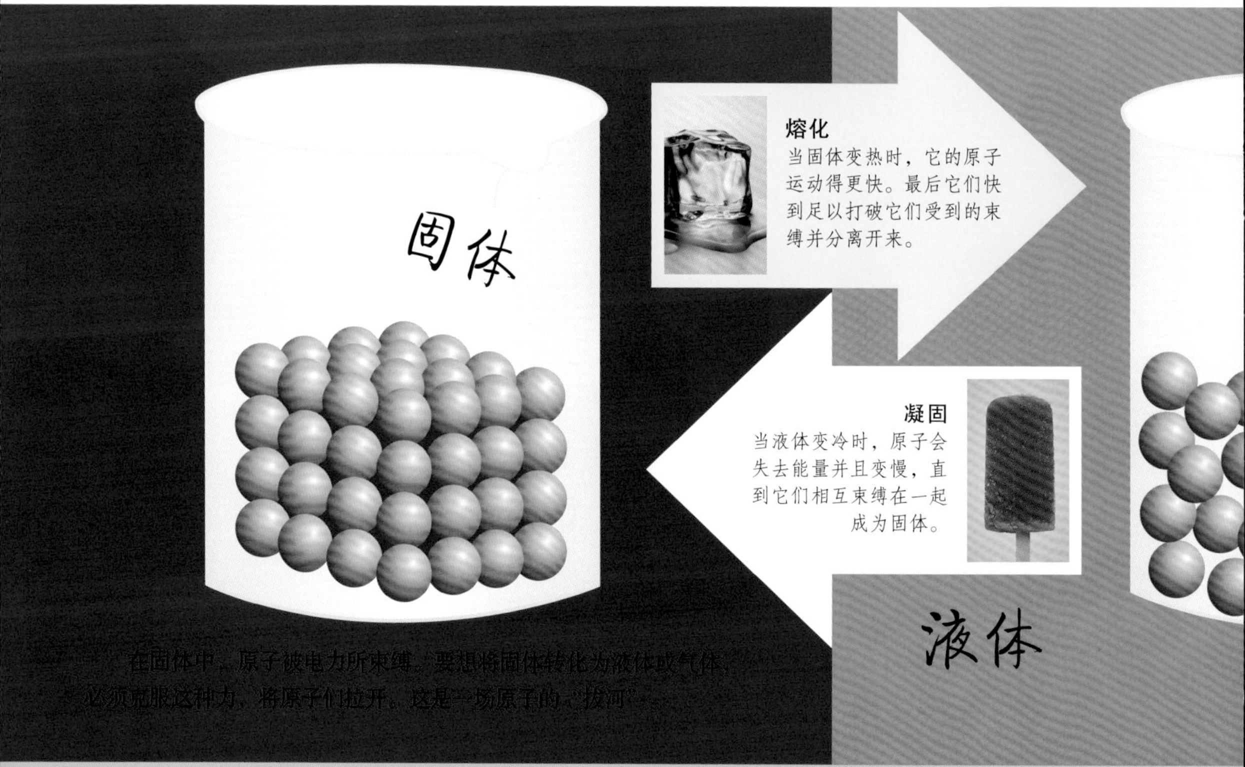

熔化

当固体变热时，它的原子运动得更快。最后它们快到足以打破它们受到的束缚并分离开来。

凝固

当液体变冷时，原子会失去能量并且变慢，直到它们相互束缚在一起成为固体。

在固体中，原子被电力所束缚。要想将固体转化为液体或气体，必须克服这种力，将原子们拉开。这是一场原子的“拔河”。

冷却或冷冻液体使它成为固体。

被改变的状态

打破规则

有些物质，像玻璃，永远处于固体和液体之间。当玻璃变热时，它会变软。当它变冷时，会变硬，但它从来不会彻底地定型。即使是固态玻璃也会缓慢地流动数百万年。

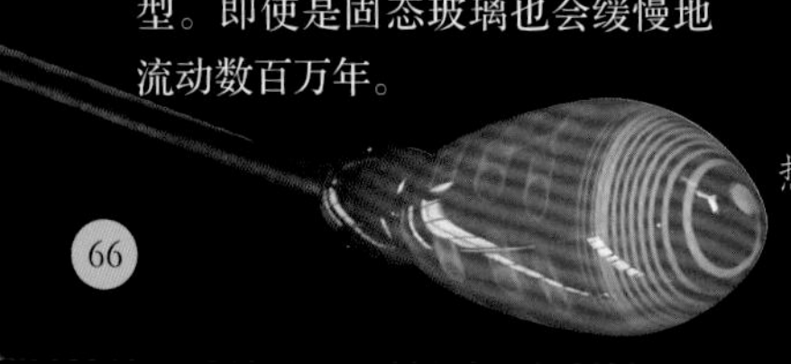

热玻璃

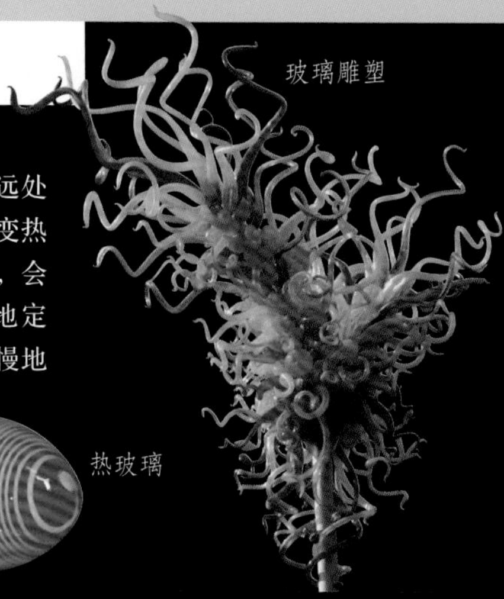

玻璃雕塑

第四种状态

如果使气体变得非常非常热，会得到一种处于第四种状态的物质：等离子体。在等离子体中，电子从原子中自由地剥离了出来，因此等离子体能够导电。雷电就是由等离子体组成的。太阳与恒星也是如此，它们使等离子体成为宇宙中最为常见的物质状态。

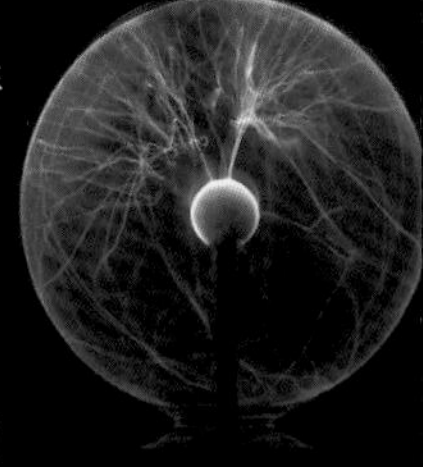

等离子球

煮沸一杯水直到水全部消失，所产生的水蒸气足以弥漫整个房间。水蒸气是水扩散而成的气体，正如冰是水凝结而成的固体一样。像冰、水和水蒸气一样，所有物体能够以三种状态存在：固态、液态和气态。但这些还不是所有的状态……

蒸发

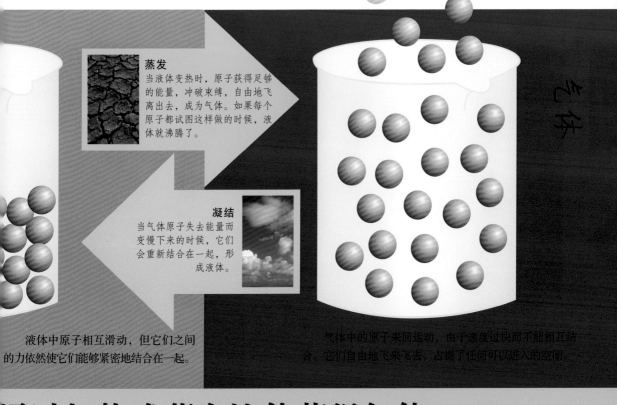

当液体变热时，原子获得足够的能量，冲破束缚，自由地飞离出去，成为气体。如果每个原子都试图这样做的时候，液体就沸腾了。

凝结

当气体原子失去能量而变慢下来的时候，它们会重新结合在一起，形成液体。

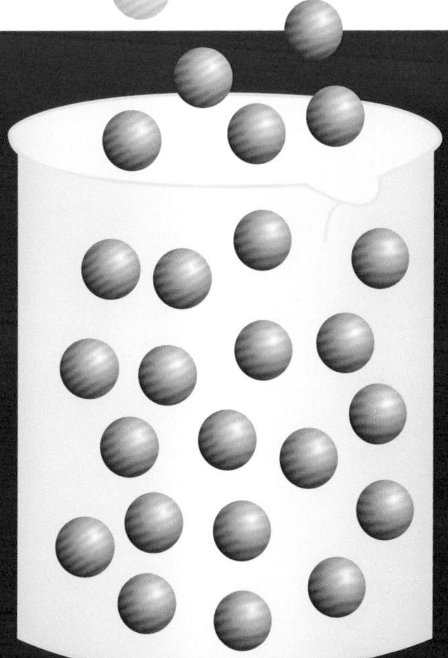

气体

液体中原子相互滑动，但它们之间的力依然使它们能够紧密地结合在一起。

气体中的原子来回运动，由于速度过快而不能相互结合。它们自由地飞来飞去，占据了任何可以进入的空间。

通过加热或蒸发液体获得气体。

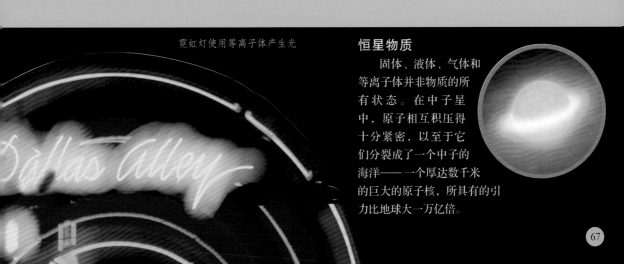

霓虹灯使用等离子体产生光

恒星物质

固体、液体、气体和等离子体并非物质的所有状态。在中子星中，原子相互积压得十分紧密，以至于它们分裂成了一个中子的海洋——一个厚达数千米的巨大的原子核，所具有的引力比地球大一万亿倍。

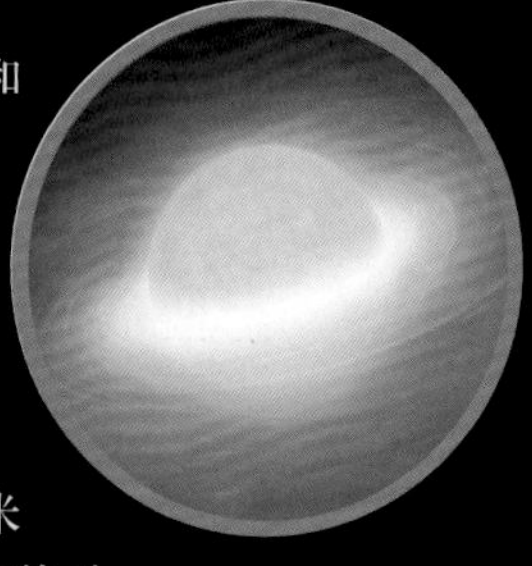

雨滴是什么

水是一种神奇的物质，它覆盖了地球70％的表面。它为什么如此特殊，是它的分子所导致的。每个水分子由两个小的氢原子和一个氧原子相结合。这使得它们一端呈正电，另一端呈负电。因此它们怦然结合，并且像磁铁一样粘住其他水分子。

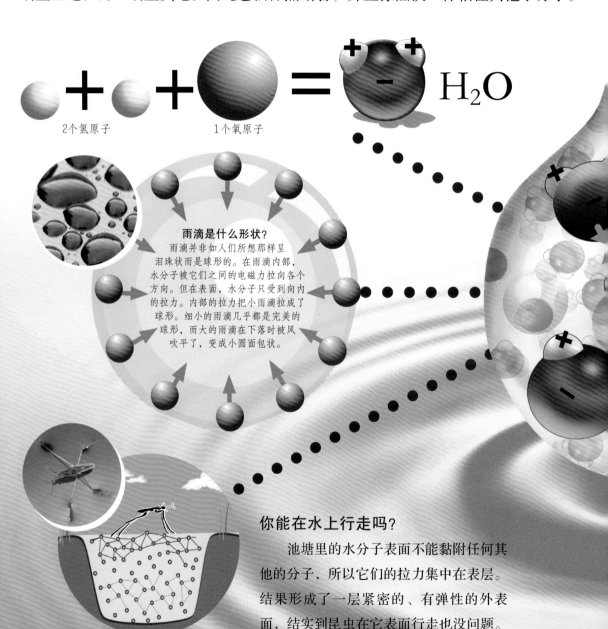

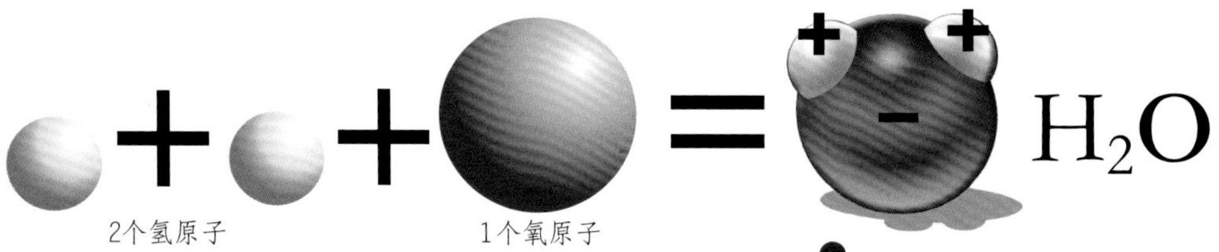

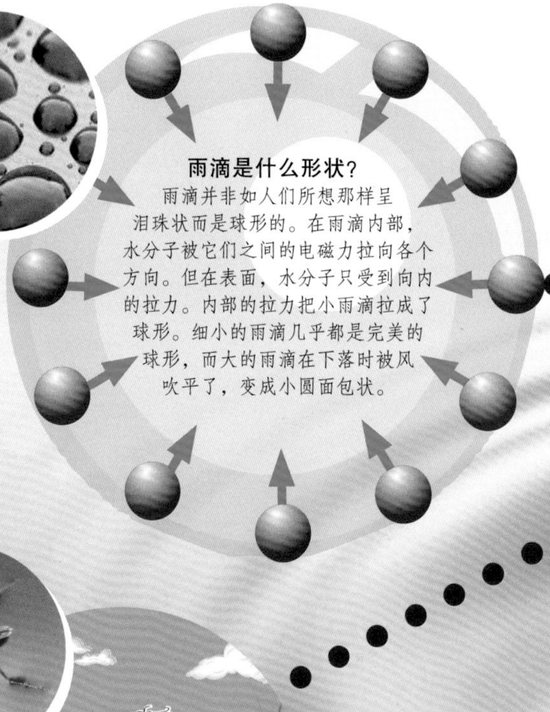

雨滴是什么形状？

雨滴并非如人们所想那样呈泪珠状而是球形的。在雨滴内部，水分子被它们之间的电磁力拉向各个方向。但在表面，水分子只受到向内的拉力。内部的拉力把小雨滴拉成了球形。细小的雨滴几乎都是完美的球形，而大的雨滴在下落时被风吹平了，变成小圆面包状。

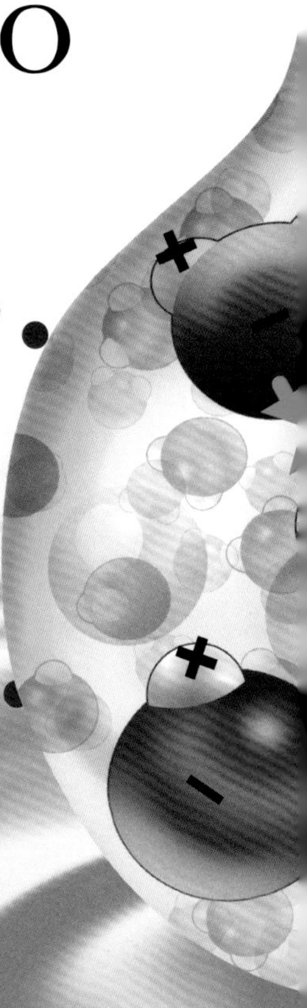

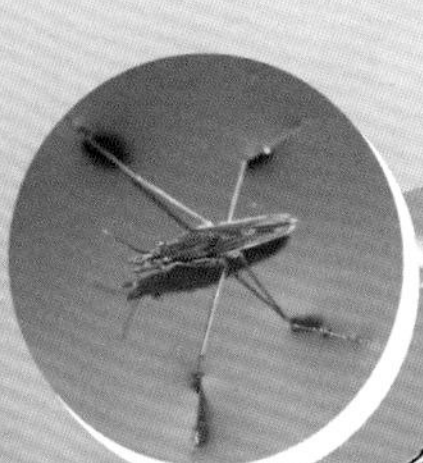

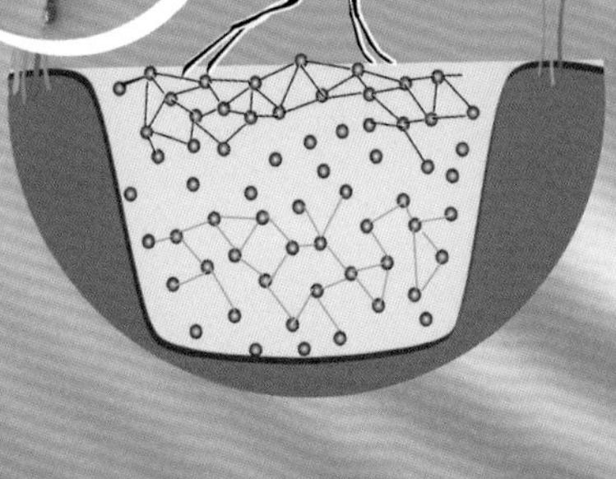

你能在水上行走吗？

池塘里的水分子表面不能黏附任何其他的分子，所以它们的拉力集中在表层。结果形成了一层紧密的、有弹性的外表面，结实到昆虫在它表面行走也没问题。这就叫作表面张力。

形状？

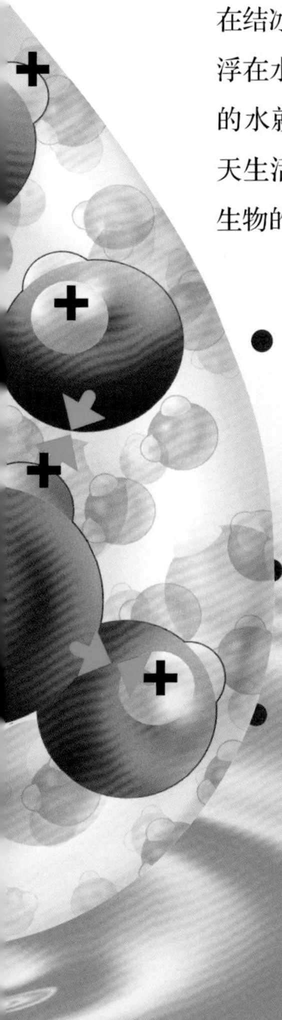

为什么冰山能漂在水面上？

大多数液体变成固体后会变得更加紧密，但是水却恰恰相反。水分子在凝固时会伸展，使水在结冰时膨胀大约10%。结果，冰比水轻，并漂浮在水面而不是沉下去。冰漂在上面，下面的水就能保持更温暖。这有助于冬天生活在湖水里或河水里的生物的生存。

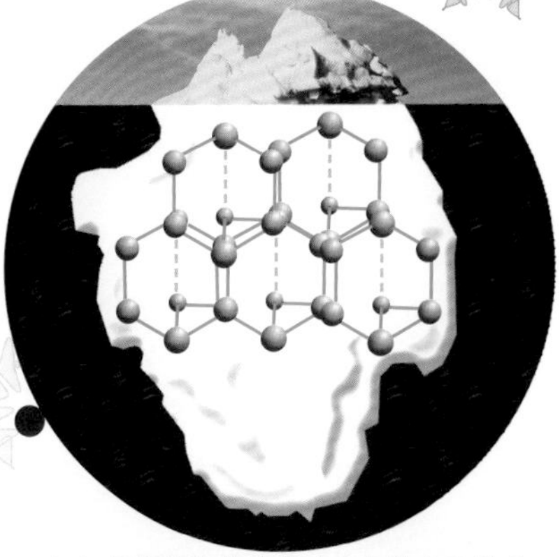

当水凝结成冰状晶体时，它的分子构成了一种规则的模式，与钻石中原子的模式相似。

让回行针漂浮

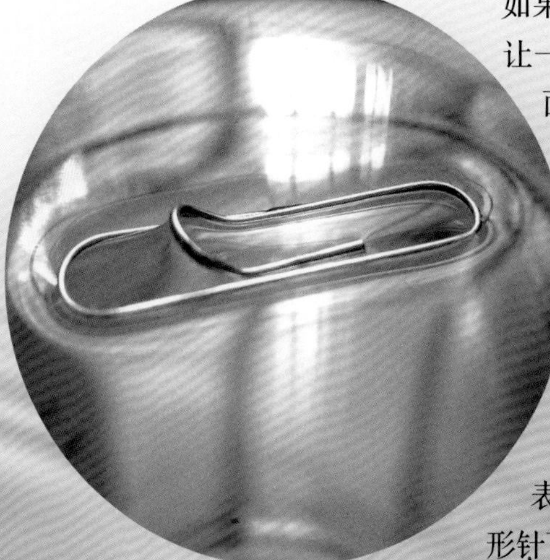

如果小心一点，你可以让一枚回形针漂浮在水面上。把回形针放在叉子上，向下缓慢地放进水里。回形针将会得到水的富有弹性的表面的支撑。用一只沾有肥皂液的手指触摸水，以此破坏表面张力，可以使回形针下沉。

要吸收很多能量才能打破水分子结合力。这就是为什么水变热需要很长时间。

不会爆裂的气球

水比几乎所有的其他物质都能更好地吸收和储存热量。在这个小游戏中，你能看到它惊人的吸热能力。给一个气球充入空气，另一个里边装些水。在每个气球下放一支蜡烛，充入空气的气球很快就爆炸了，而装水的气球保持不爆炸的时间要长得多。

你能在奶油冻上

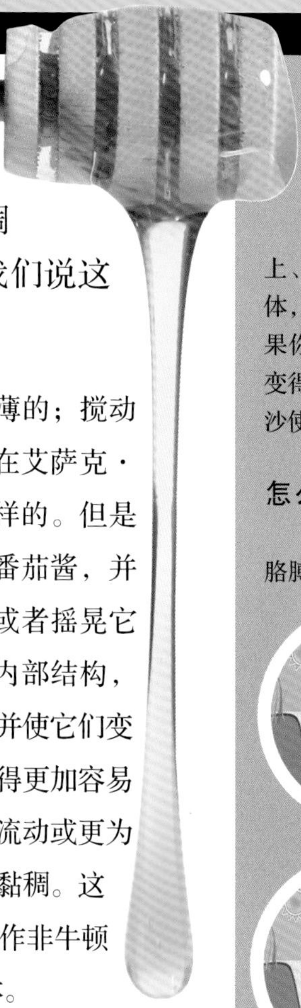

有些液体稀薄而容易流动，就像水；有些则黏稠而不易流动，就像蜂蜜。我们说这些黏稠的液体是黏滞性的。

搅动一杯水，它依然是稀薄的；搅动一瓶果酱，它依然是黏稠的。在艾萨克·牛顿看来，所有液体应该是这样的。但是有一些液体——比如奶油冻和番茄酱，并不遵守这一规则。如果你搅拌或者摇晃它们，你施加的力会改变它们的内部结构，并使它们变得更加容易流动或更为黏稠。这样的流体叫作非牛顿性的流体。

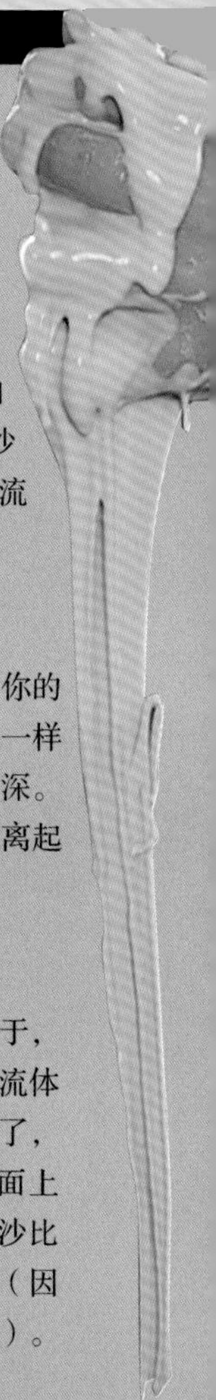

流沙是如何起作用的？

流沙是像汤一样的水和沙的混合物，有时形成在海滩边、河岸上、泉水旁或沼泽里。它摸上去貌似固体，但是只要你踩上去，很快会下沉。如果你挣扎着想离开，你挣扎的力会使流沙变得更黏稠。你的腿的周围积聚了大量的流沙使你陷入其中。

怎么下沉的

在流沙里最糟糕的就是恐慌和挣扎，你的胳膊和腿的挣扎动作不仅会使流沙像水泥一样浓稠，还会让你陷得更深。而且你陷得越深，逃离起来越困难。

如何浮起

逃生的秘密就在于，保持纹丝不动。这样流体就变得不是那么黏滞了，你自然就能浮到表面上来了。这是因为流沙比起水来密度大很多（因而就更容易漂浮起来）。

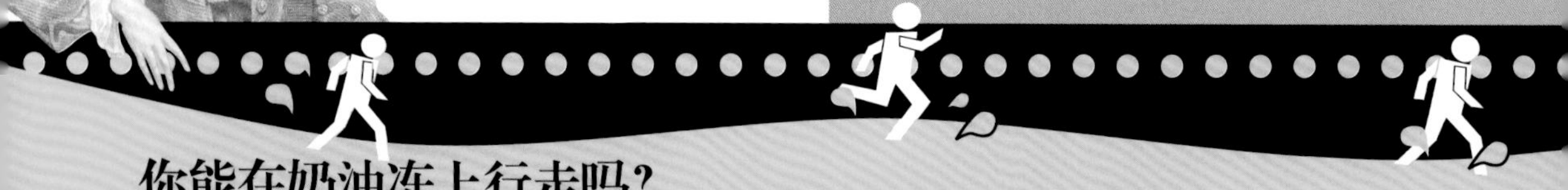

你能在奶油冻上行走吗？

奶油冻是一种非牛顿性的流体。如果你给它施加一个力，它就会变成固体。但是它坚固到足以支撑一个人的重量吗？在2003年，来自英国电视节目《布莱尼亚克》（*Brainiac*）的一个研究团队决定搞清楚这个问题，为此他们在一个游泳池中装满了奶油冻……

行走吗？

为什么你必须摇晃番茄酱？

番茄酱和流沙相反——在你给它施加一个力的时候，番茄酱会变得更容易流动，这就是为什么你必须摇晃瓶子让它流动起来。在瓶中，番茄酱是一种固体和液体的杂乱的混合物，它们被一种看不见的构架给黏附在了一起。当你摇晃的时候，外力会打破那些构架，番茄酱就变得不那么黏稠了。

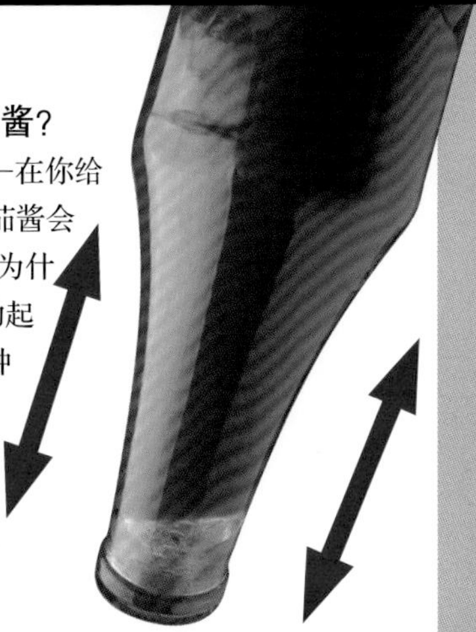

提示：在摇晃之前盖上瓶盖

牙膏

用于描述液体在施加外力时黏性减小的术语是摇溶性的。牙膏也是摇溶性的。拧开牙膏盖，牙膏纹丝不动地待在管口里。开始施加外力挤压后，所施加的力就把它的结构给破坏了，牙膏便被挤了出来。

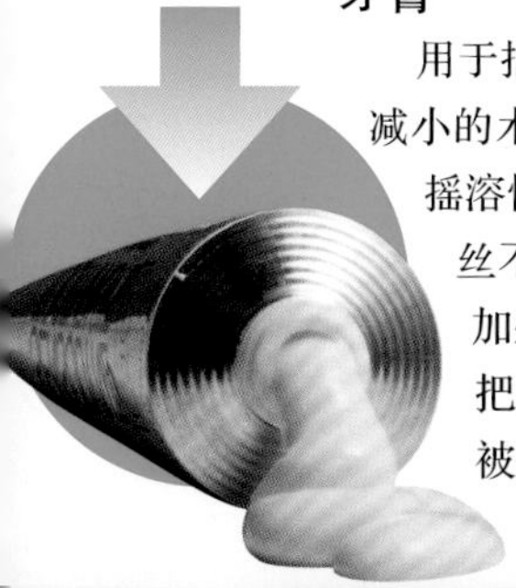

制作黏液！

一个了解非牛顿性流体的好方法就是制作黏液，并且探究它的奇特性质。下面的配方就告诉你如何制作玉米淀粉黏液。当你不管它的时候很容易流动，但是当你给它施加力时，它会变得很黏稠，以至于变成了固体。

将1.5杯的玉米淀粉倒入一个用来混合的碗里。缓慢地加入大约一满杯水，一次加一点，并且不停地搅拌。加入可食用的绿色素，让黏液看上去像鼻涕一样。捧起一把黏液，然后突然地拍击或者挤压它——它就会变成固体。让它放松几秒钟，它就又会变成液体，并从你的手指指尖渗漏出来。

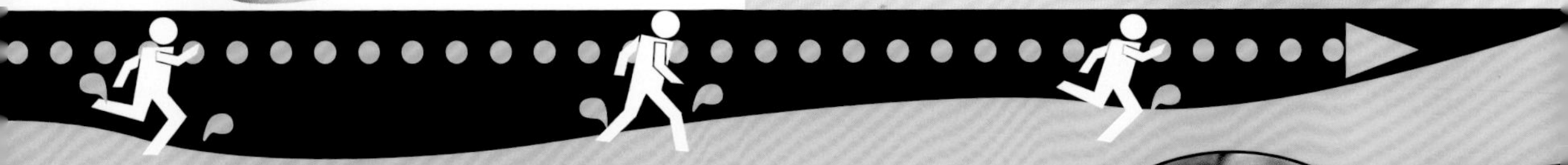

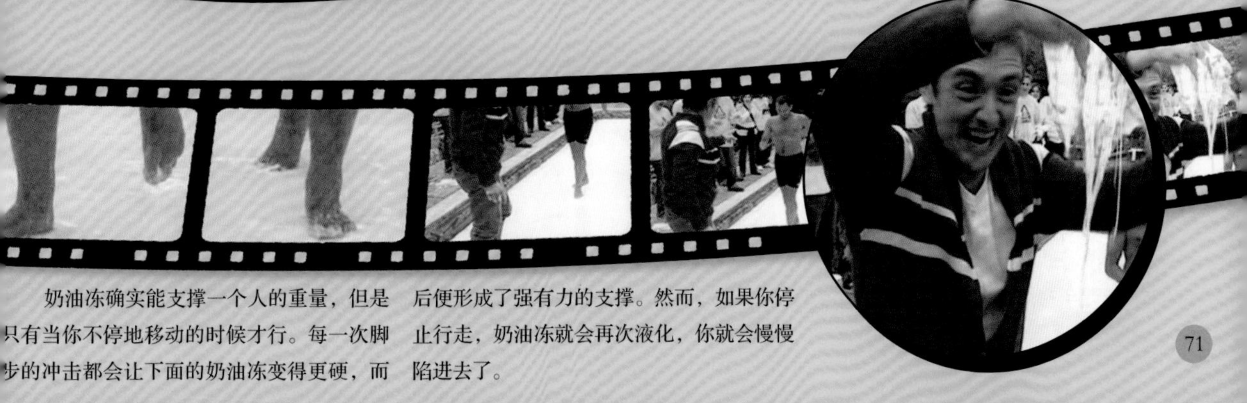

奶油冻确实能支撑一个人的重量，但是只有当你不停地移动的时候才行。每一次脚步的冲击都会让下面的奶油冻变得更硬，而后便形成了强有力的支撑。然而，如果你停止行走，奶油冻就会再次液化，你就会慢慢陷进去了。

气球是怎样爆炸的？

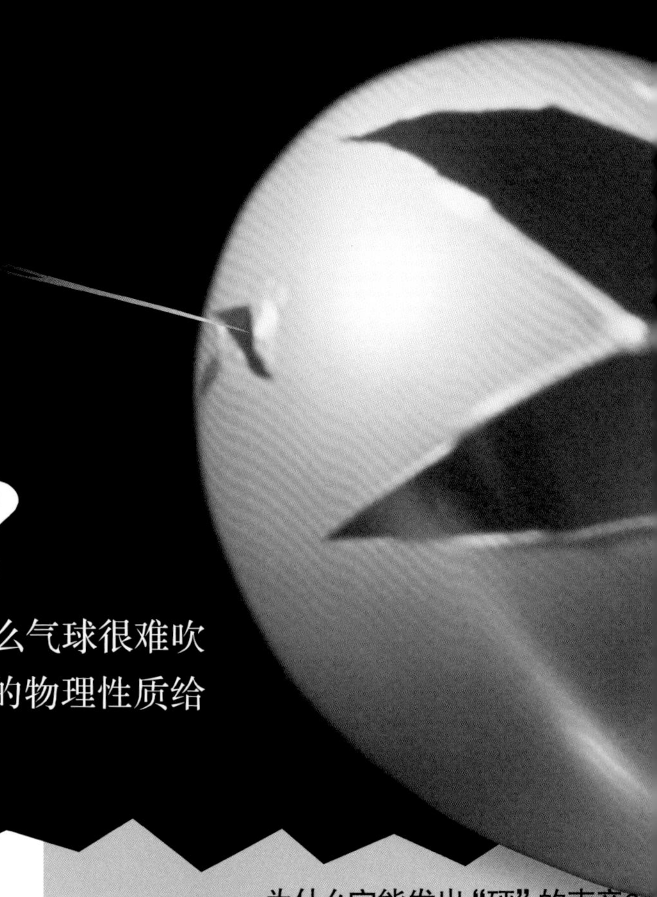

曾经令人感到奇怪的是为什么气球很难吹大却那么容易爆炸？空气和橡胶的物理性质给出了答案。

为什么气球能变大？

气球能变大的秘密在于它的分子。气球由橡胶制成，橡胶的分子又细又长，就像一根根煮熟了的意大利面条一样。当你拉长橡胶时，一个个分子相互滑动并被拉直。当你松手时，分子间的微小作用力又把它们拉回，恢复成相互缠绕的一团。

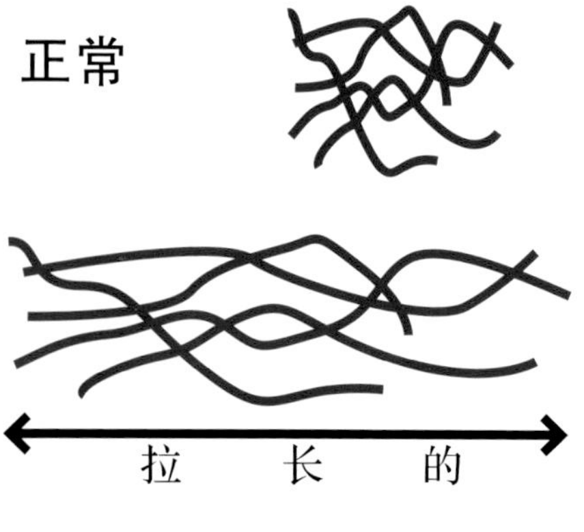

为什么它能发出“砰”的声音？

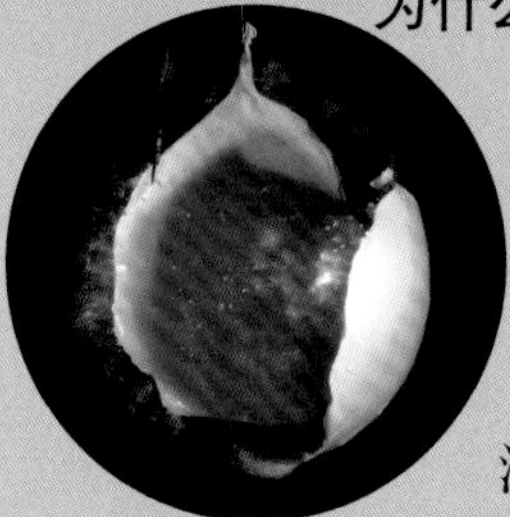

气球在破裂为碎片的片刻后爆炸。当它破裂时，一片片的橡胶以大于两倍声速的速度，迅猛地恢复到它们以前的状态，而急速喷涌的空气形成的冲击波就是我们听到的那一声巨响，仿佛鞭子抽得噼啪作响。

为什么气球很难吹大？

你之所以要费很大的劲才能将气球吹大，是因为你必须克服使橡胶分子聚拢在一起的力。吹第一口气是最困难的，因为你必须马上拉直数十亿的橡胶分子。此后，随着橡胶伸直，分子的相互滑动会更容易。但它们仍然试图收缩。如果你放手，气球会突然收缩，并喷出所有的空气。这会让气球从你的手中飞出——这是牛顿第三定律的一个极好展示。

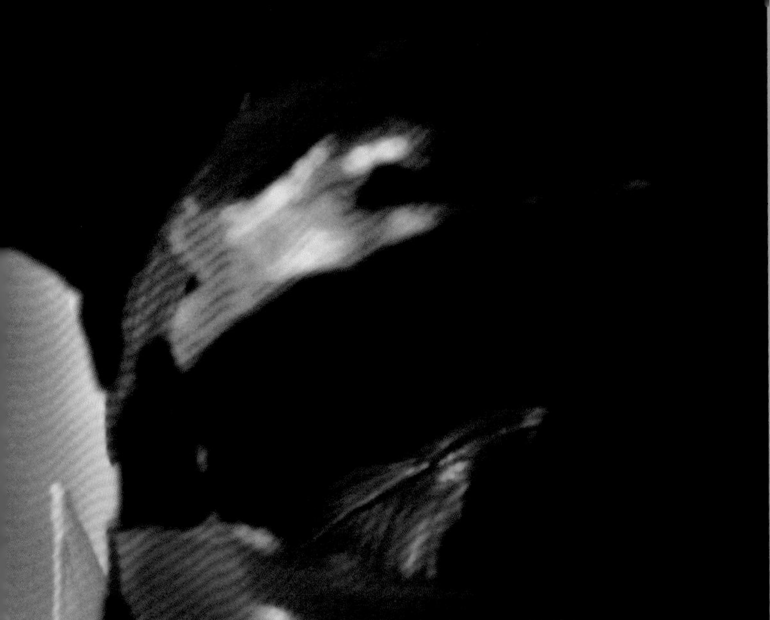

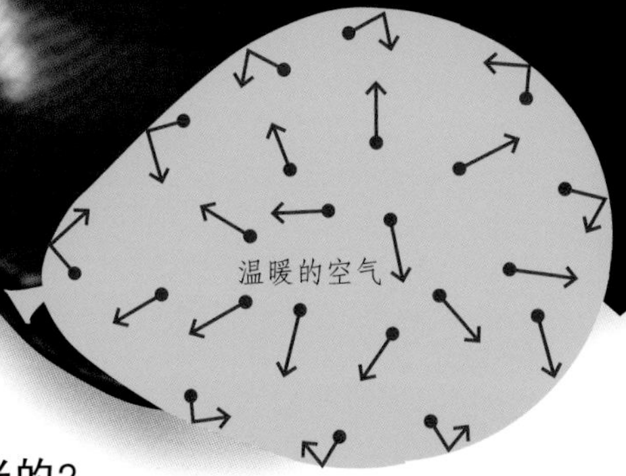

气球是如何保持膨胀的?

一旦给气球打上一个结，你吹的空气就会被困在气球里。一个充满空气的气球包含大约300万亿亿的分子，每个分子的飞行速度为1600千米/时，并且每秒钟与其他分子或者气球壁碰撞50亿次。这些千万亿次的碰撞给橡胶造成了压力，正是这种压力让气球膨胀。

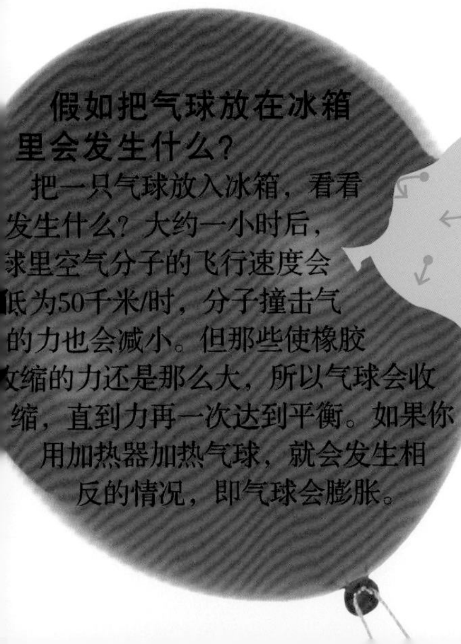

假如把气球放在冰箱里会发生什么?

把一只气球放入冰箱，看看发生什么?大约一小时后，球里空气分子的飞行速度会低为50千米/时，分子撞击气的力也会减小。但那些使橡胶收缩的力还是那么大，所以气球会收缩，直到力再一次达到平衡。如果你用加热器加热气球，就会发生相反的情况，即气球会膨胀。

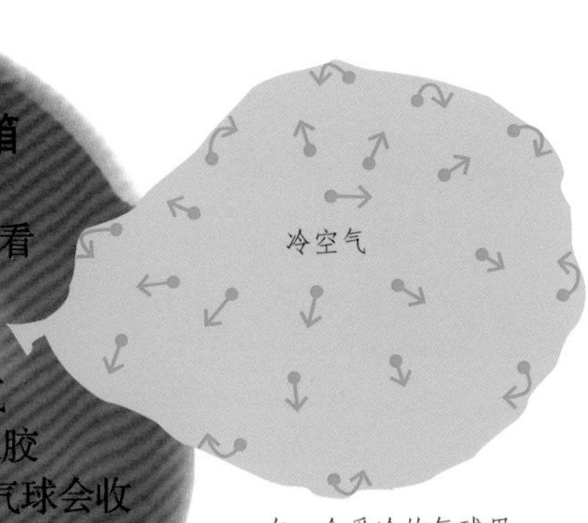

在一个受冷的气球里，空气分子运动得较慢，撞击气球的力也较小，气球就收缩了。

现在试试这个!

你能刺穿一个气球但不让它爆炸吗?

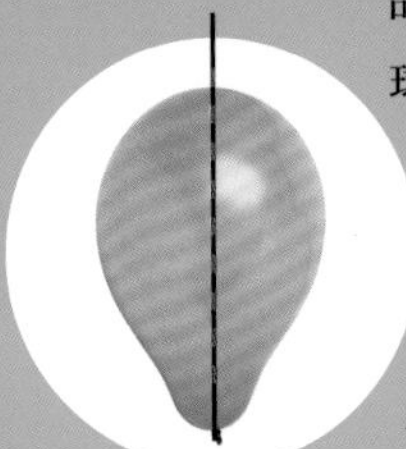

可以!如果一个气球没有过分膨胀，靠近气嘴和气球顶部的橡胶并没有充分伸展开，并且看起来厚而不透光，就可以做到。在一根串肉扦或回形针的顶端抹一点油脂或唇膏，然后轻轻地把它推入不透光的橡胶中，来回旋转，直到刺进去。经过练习，你就能恰好将一个串肉扦穿过气球的两端。

假如你从其他地方刺穿气球呢?

其他地方的橡皮绷得很紧。那些橡胶达到它的“弹性限度”，这就意味着如果增加张力，它会破裂而不是被拉长。一旦出现非常小的缺口，压缩的空气就会喷出来。巨大的破裂在表面迅速扩散，这样气球就爆炸了。

瓶子中的气球

这是一个让你的朋友感到困惑的小把戏。给他们看看放入瓶中的膨胀的气球，再向他们提出挑战，看他们能不能把自己的气球放到另一个瓶中，并把它吹大。当他们做这个尝试的时候，气球会把瓶颈堵住，而不再膨胀。

诀窍就在于:

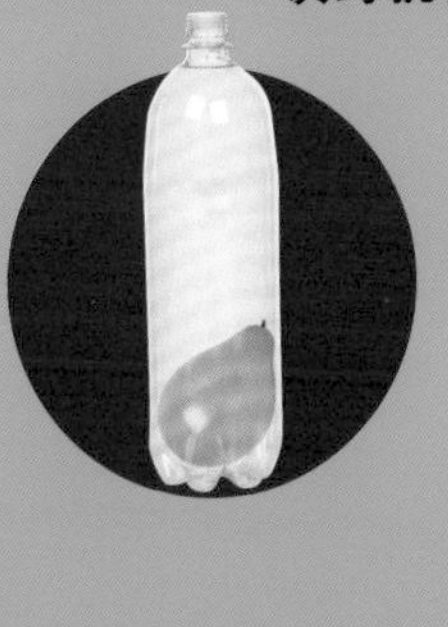

在你吹气球时，要同时把一根吸管放到瓶子里，以便瓶中的空气逸出。

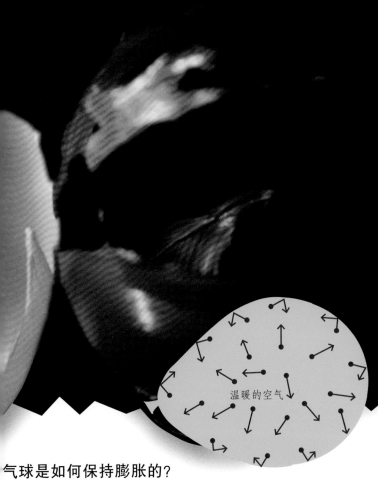

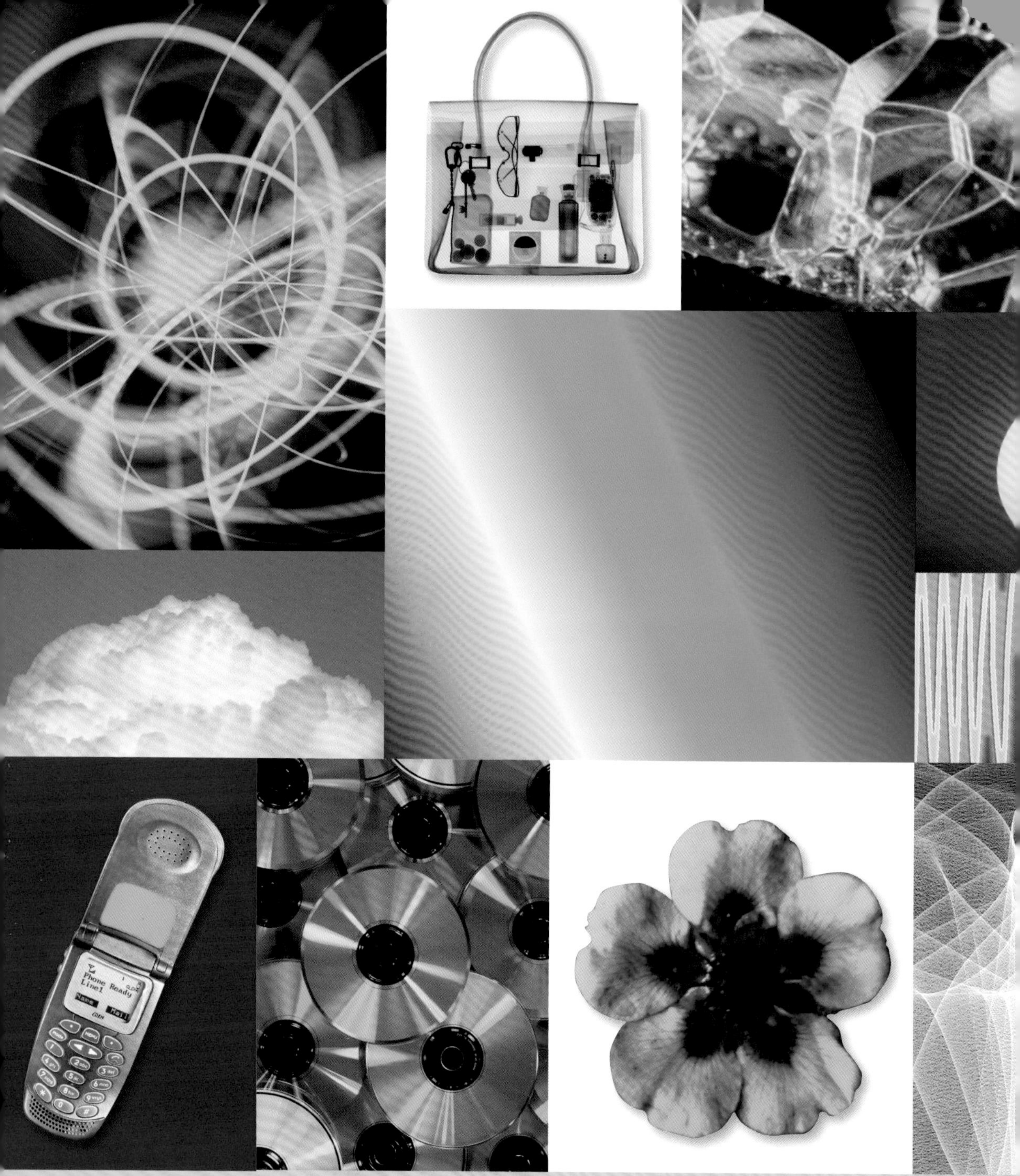

你能看见光吗？

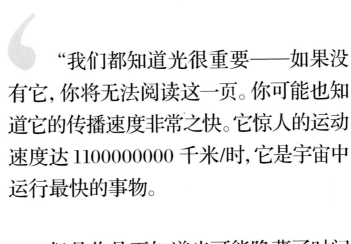

“我们都知道光很重要——如果没有它，你将无法阅读这一页。你可能也知道它的传播速度非常之快。它惊人的运动速度达 1100000000 千米/时，它是宇宙中运行最快的事物。

但是你是否知道光可能隐藏了时间旅行的秘密？而且光是相当神秘的物质，它有时表现得像微小的粒子，有时又如同此起彼伏地穿越空气的声波，如同无线电波一般。

事实上，光带来一系列的问题。它是怎样运行的？为什么星星会眨眼睛？为什么落日是红色的？还有为什么光使得平时很聪明的艾萨克·牛顿把一根编织针刺入他自己的眼睛里？现在就好好利用你周围的光去阅读和发现吧。”

光是由粒子构成的吗？

光是一个谜。它是宇宙中运行最快的东西，而称起来却根本没有重量。我们时刻都能看到它，却不知道它是由什么组成的。有时它表现得像以惊人的速度飞越而过的数十亿粒子。有时，又好似在空气中运动的一束波。那么，光究竟是什么？

弹性球

艾萨克·牛顿是最早认为光是粒子的科学家之一。他想，如果光是波的话，它就不能总是沿直线传播并在物体背后留下清晰的影子——而会绕过物体，就像海浪冲刷岩石和声波绕过大门那样。牛顿还看到，光在镜子上反射就像弹性球从墙面反弹一样，而这使他认为光一定是由微小的弹性粒子构成的。

迷失于空间

光的粒子理论似乎可以解释光在地球和太阳之间的旅行。粒子可以飞跃真空，而波则需要在一些东西中产生波动。比如说，声波要在空气中波动，水波要在水中波动。假如光是波的话，那当它穿越太空时，是靠什么来形成波动的呢？

强有力的原子

当科学家们揭示了原子的“工作”方式之后，他们发现了一种一次可以发射一个光粒子的原子。这个发现证明了光实际上是一种粒子，这些粒子被称为“光子”。

波

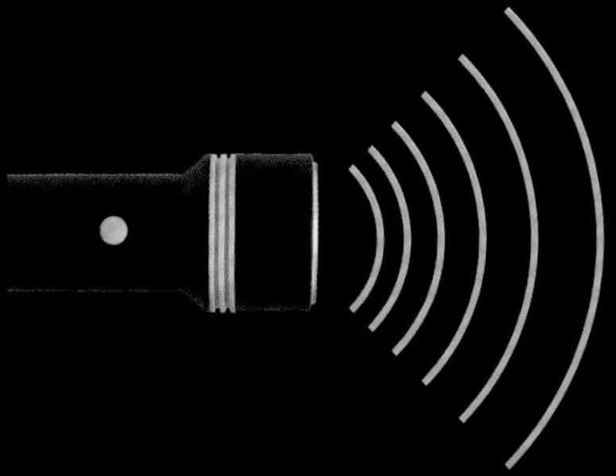

弯曲的光

最早指出光是一种波的人是一位大约生活在400年前的意大利科学家格里马耳蒂（Grimaldi）。他利用狭窄的光束产生影子，发现阴影略宽于它应有的尺寸，似乎光像波那样发生了弯曲。

波动

证据出现在大约200年前。英国科学家托马斯· 杨（Thomas Young）让光透过一系列窄缝，发现光不仅发生了弯曲，还形成了波动图案，好似当池塘中两列水波发生叠加时你所看到图案。杨甚至还计算出了光的波长——它们还不到百万分之一米那么长！

穿越宇宙

波动理论解释了颜色的存在（每种颜色有一个特定的波长），但光波怎样能在空间传播呢？最初，科学家们以为空间必定充满了一种叫作“以太”的不可见的物质，但真正的答案远比这奇怪得多。恰如磁铁周围的磁场那样，真空可以容纳不可见的“力场”。光是这种力场中的一种波动。

光是由波构成的吗？

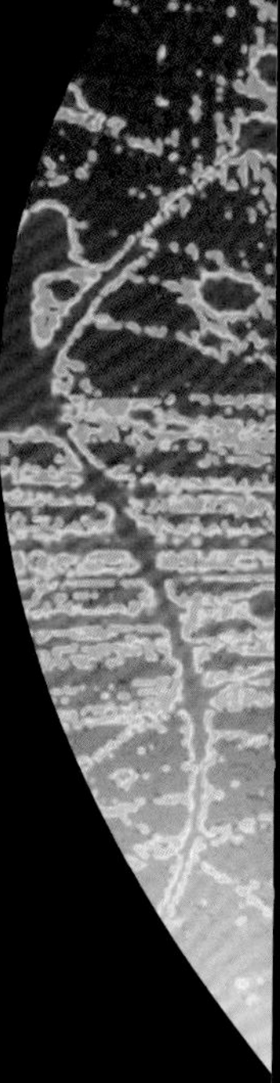

这个谜语的谜底是光同时是波和粒子这两种事物。这取决于你从哪个角度去观察它。并不是只有光才具有这种同时是两种事物的特性。原子世界中的所有微小粒子甚至原子本身表现得像粒子还是像波，主要取决于其所处的环境。

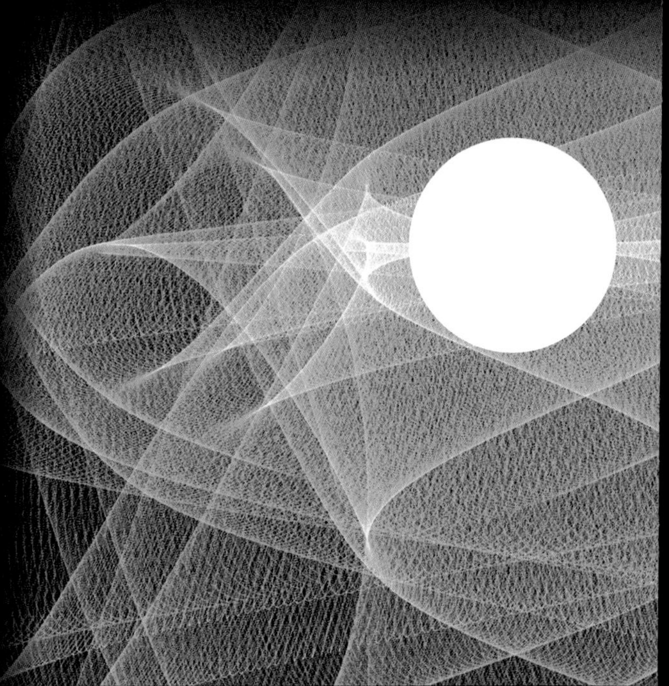

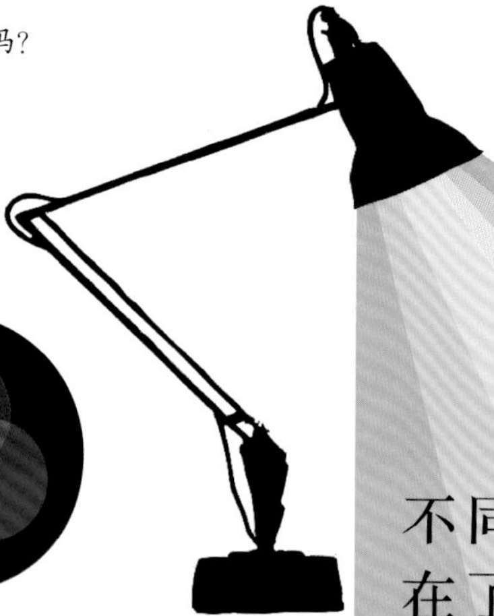

光是什么

看上去是白色的光，实际上是各种不同颜色的混合，由于它们完全混杂在了一起，以至你不能分辨出其中的任意一种颜色。当太阳光照射雨滴，或者从一张CD盘面反射回来的时候，那些隐藏起来的颜色就分离了，呈现出彩虹一般的图案。

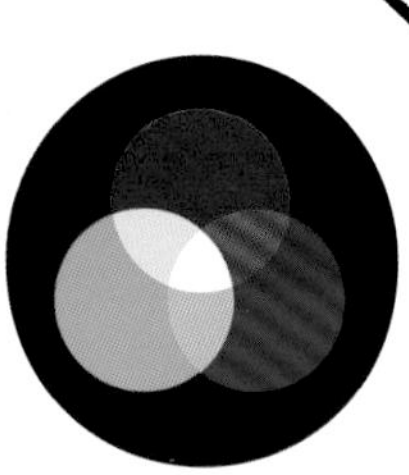

我们是怎样看到颜色的？

我们的眼睛拥有三种颜色感受器：一种用来感受红色，一种感受绿色，第三种感受蓝色。把它们组合起来，我们就能看到或浓或淡的各种颜色了。这是一个灵巧的系统，但是也很容易受骗。一台电视机就能够欺骗你，让你看到其实并没有被显示的颜色。比如，为了产生黄色，电视机将少许绿光和红光混合起来，触发了你眼睛里黄色光所能触发的细胞组合。

彩虹

彩虹出现于太阳在你身后，而雨在你前方飘落的时候。太阳光射入每颗雨滴，在里面发生反射，再折回前方飞出，弥散出各种颜色，就像从三棱镜散射出的光一样。彩虹是拱形的，是因为你只能在光线以一定角度入射的地方看到各种颜色。如果没有地面的阻挡，彩虹将会是圆形的。

为什么存在颜色呢？

颜色的存在是因为光波有不同的波长。

如果波长长，我们看到的是红色。

如果波长短，我们看到的是蓝色。

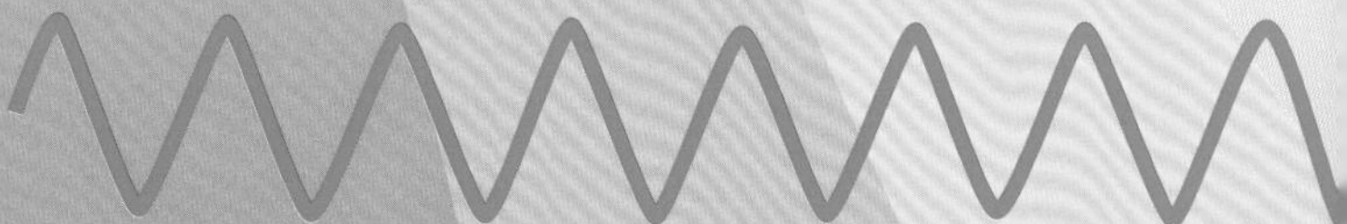

光波的波长很短，即便红光也是如此。大约2000个光波首尾相连地伸展开来，也只有1毫米长。

当颜色以波长为顺序排列的时候，它们就组成了一种图案，即所谓光谱。这种光谱主要有7个主色带，逐渐地相互交融，产生了无数种不同的颜色。人类的眼睛能分辨大约一千万种颜色，包括一些光谱里面没有的颜色，如咖啡色和品红色。

学会用这个短语

红 (Red)　橙 (Orange)　黄 (Yellow

颜色的？

谁发现了光中的颜色？

在1665年的一个阳光明媚的日子，当时艾萨克·牛顿年仅22岁，他把自己关在他妈妈位于英格兰的农场的一个黑漆漆的屋子里。他让一束光线穿过窗帘上的一道裂缝，然后把一块三角状的楔形玻璃——“三棱镜”放在那束光线照到的地方。这束光线散开形成了一个彩色的光谱。当时科学家已经知道了这个美丽的光学效应，但是他们认为颜色来自玻璃。然而牛顿证实了另一个结论。他把另一块棱镜放在了光谱中，将那些光线又聚合在了一起。瞧瞧，一个白色的光斑出现在了墙上。

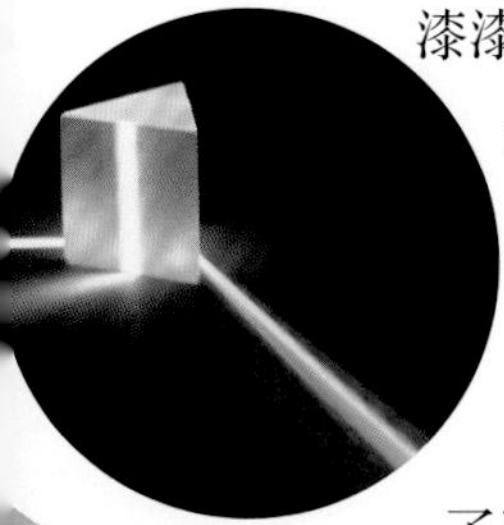

在他发现光中的颜色后的几周里，牛顿就出名了。

令人痛心的艾萨克的视力

在棱镜实验的成功的激励下，牛顿做了更多的实验。其中的一个是十分愚蠢的。牛顿心想，人的眼睛就应该像一个棱镜一样，把光线分散为我们所能看见的颜色。为了验证这个理论，他把一根编织针刺入眼里，然后挤压眼球来看是否有颜色出现。然而颜色没有出现，那个理论是错误的。结果牛顿的眼部严重感染，差点因此弄瞎了眼睛。

常见问题回答

为什么钻石会闪闪发光？

钻石可以把白光色散成各种颜色的光，比玻璃棱镜有效得多。一颗切割得非常好的钻石还能让光线在钻石里面来回反射。这就是为什么钻石会闪闪发光，绽放出炫目的色彩。

产生光谱

你可以用一杯水来产生光谱。在一张卡片上剪出一道很细的裂缝，然后粘贴在玻璃杯上。把玻璃杯搁在一张纸上，放在有阳光的窗口边，这样阳光就可以穿过缝隙。当白光穿过水面的时候，光线会折弯，并且分散成光谱。

把颜色混合起来

你可以通过制作一个颜色轮把各种颜色混合起来。用一支画笔或者电脑制作一个多色的碟子，就像下图所示。然后把碟子粘在卡片上，将一根尖的铅笔从中间穿过，然后旋转它。如果你把颜色混合得恰如其分，旋转的碟子看上去就会变成白色。

来记住光谱的顺序

绿 (Green) 蓝 (Blue) 靛 (Indigo) 紫 (Violet)

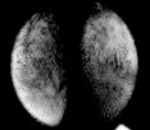

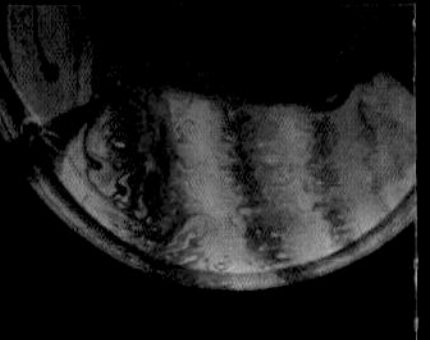

你能看到泡泡中的彩虹吗？

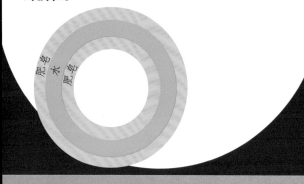

泡泡就像气球，但是它的表层是液体薄膜而不是橡胶。这一薄膜有三层：最里层和最外层都是肥皂分子，一层水分子像三明治似的夹在中间。水分子互相拉着，产生了一种叫作表面张力的力。这一薄膜不到一毫米的千分之一厚，大约相当于光波的波长。

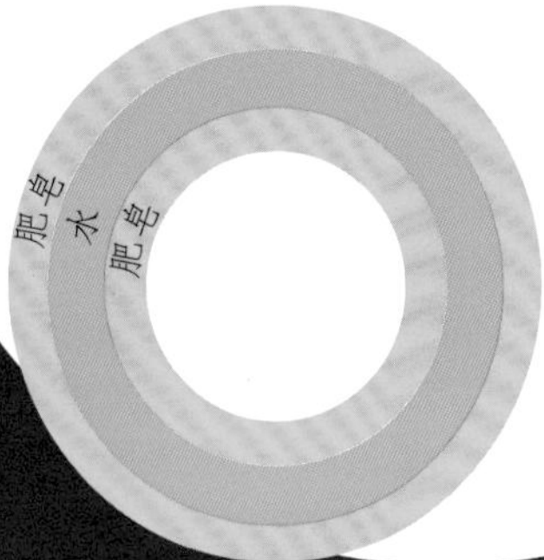

当光波从泡泡反射回来时，它们发生碰撞并相互干涉。通过向池塘里扔小石块，你可以看到类似的效应。一块小小的石块会产生一组圆形的波纹，优美地向四周散开，而两块小石块会产生两组波纹并相互干涉。假如两列波的波峰结合在一起，就会形成更大的波。假如一列波的波峰与另一列波的波谷结合，两列波会相互抵消。光波与此类似。

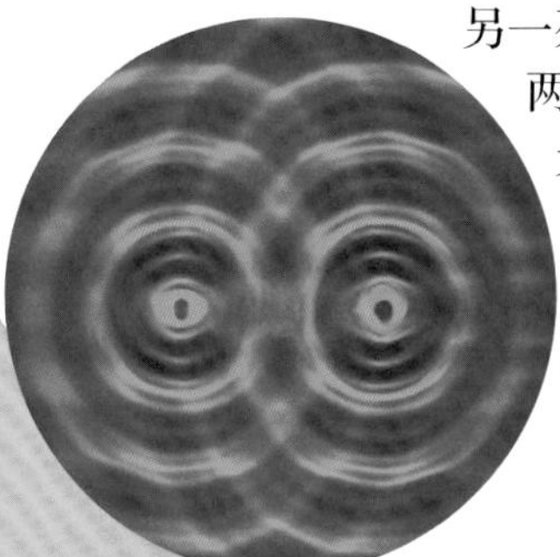

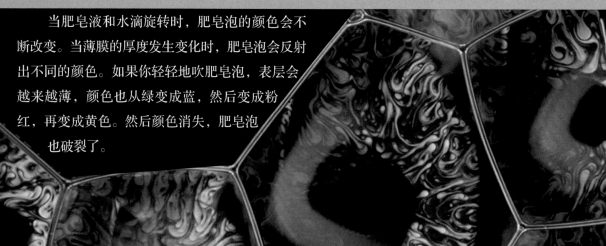

当肥皂液和水滴旋转时，肥皂泡的颜色会不断改变。当薄膜的厚度发生变化时，肥皂泡会反射出不同的颜色。如果你轻轻地吹肥皂泡，表层会越来越薄，颜色也从绿变成蓝，然后变成粉红，再变成黄色。然后颜色消失，肥皂泡也破裂了。

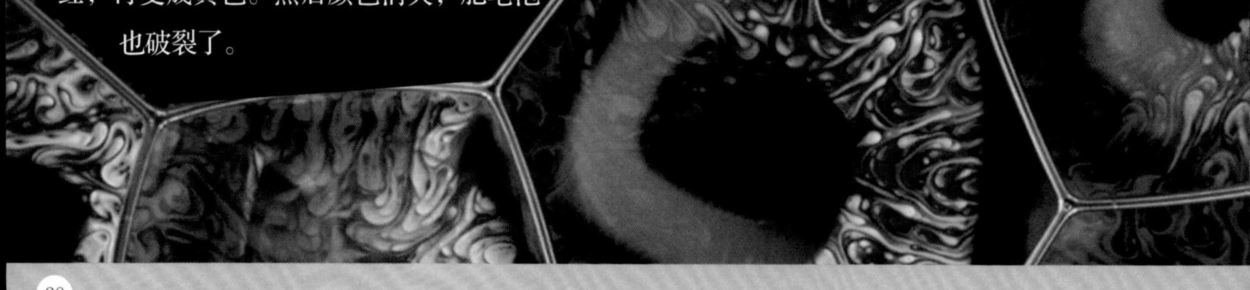

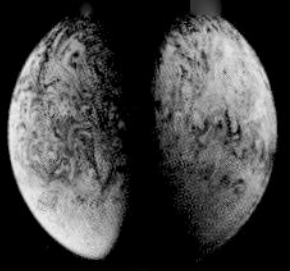

凝视肥皂泡，你会发现上面有颜色在旋转。如果你向泡泡吹口气，颜色会旋转和变化……

但是颜色是从哪里来的呢？

光线反射后分别离开泡泡的内表面和外表面，形成了两列相互干涉的波。在泡泡的表层的厚度恰到好处时，某些波长的光的两列反射光波正好步调一致。那就是你所看到的颜色。其他波长的光的反射光波不能步调一致，因此那些颜色就会消失。

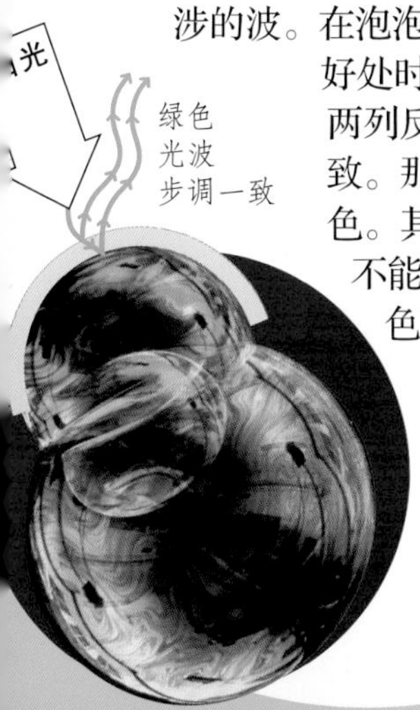

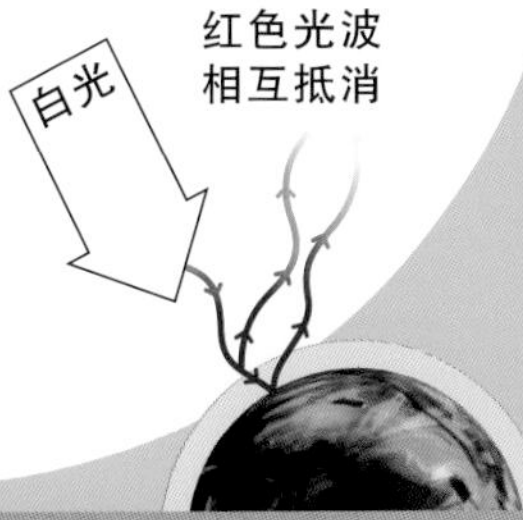

现在试试这个！

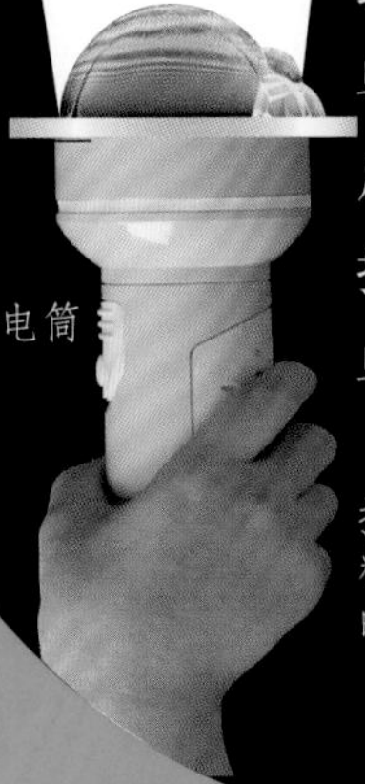

做一个肥皂泡小屋。把一块干净的方形硬塑料片绑在手电筒上。舀一小勺肥皂泡液体，倒在塑料片上，用吸管在里面吹肥皂泡。关掉电灯，打开手电筒，将肥皂泡小屋放在你的视线上方。

提示：往肥皂泡液体中加入凝胶或糖，以便制造出更鲜艳和更结实的肥皂泡。

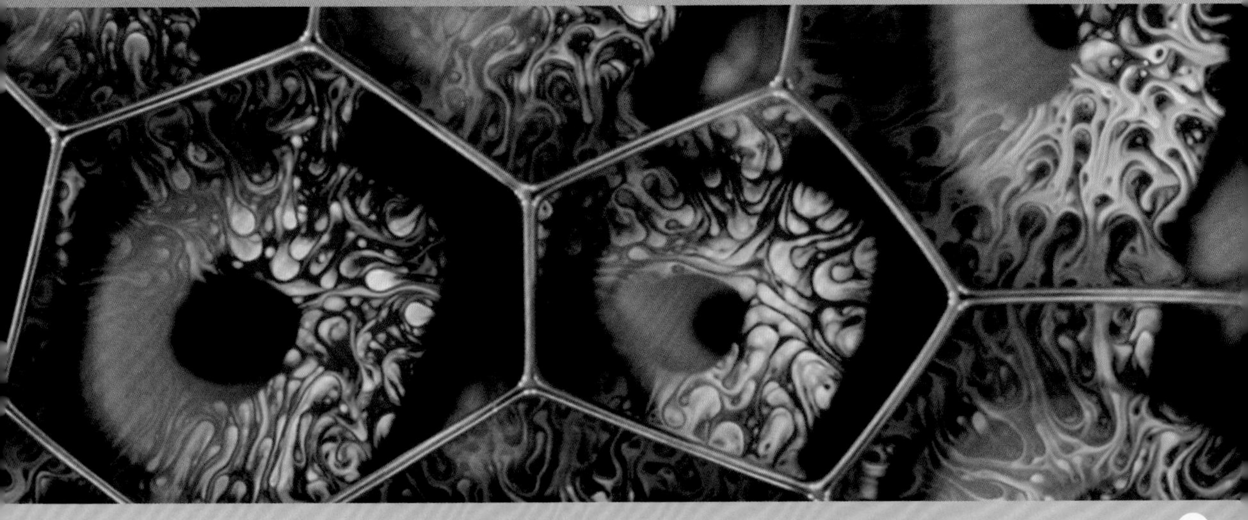

光在何时看不见？

想象你使用一把钳子拉伸光波。当光的波长变得更长一些时，它们的颜色也会发生改变。接下来它们会变得“看不见”，因为我们的眼睛只能看见一定波长范围的光。自然界中有许多波长太短或太长的光是我们不能看见的。它们与那些可见光一起，构成了巨大的“电磁光谱”。

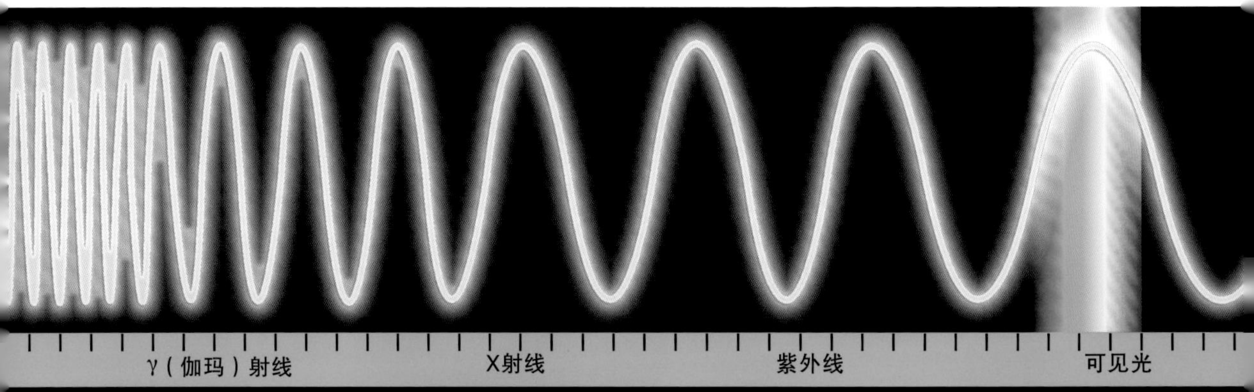

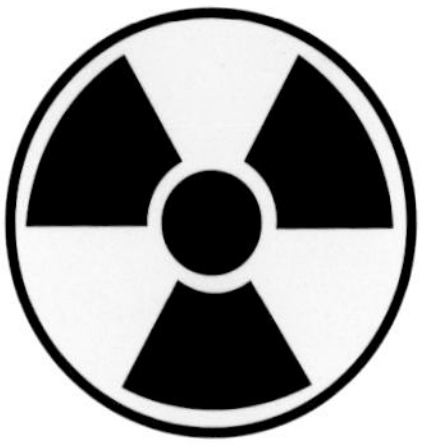

γ射线是最危险的电磁射线。它们的波长甚至比原子的直径还小，而且携带大量能量，可以穿透固体物质并杀死活着的细胞。γ射线作为核弹的放射能被释放出来，可用于消灭癌细胞。

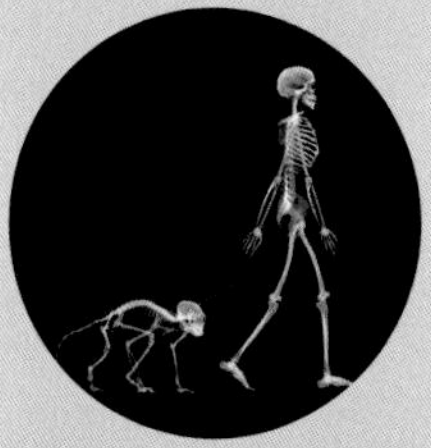

X射线的波长与原子的大小相当，携带很多能量，但是其危害性比γ射线小。它们可以穿透人体的大部分组织，但不能穿透骨骼、牙齿和金属。这样的特性让X射线成为理想的透视源。

紫外线（UV rays）是来自太阳的光，虽然蜜蜂、鸟和蝴蝶能看见它们，但是我们不能。某些波长的紫外光线能够穿透人体皮肤，损坏人体内部的活细胞，导致晒斑、癌变，还会让人产生皱纹、加速衰老。

可见光是唯一能被我们的眼睛探测到的电磁射线。可见光包括一系列波长的光，也就是我们平日看到的各种颜色的光。这些色光都包含在太阳光中，而且它们的波长使得它们在遇到物体时会被反射而不是直接穿过物体，所以我们可以看见它们。

电磁波波长可以比原子直径更短，

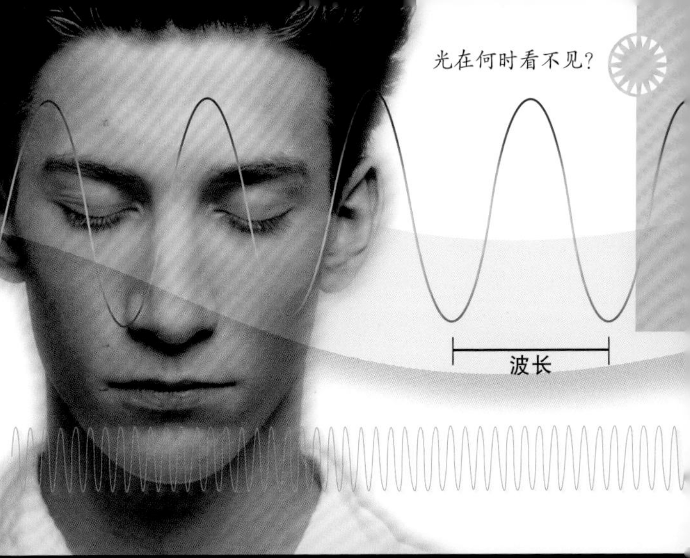

你正在接收“我”吗？

这个世界充满了不能被我们看见或感觉到的电磁辐射。除非这些波正好有着能与原子发生相互作用的波长，否则它们会像光穿过一扇窗户一样穿过各种物体。每一秒钟都有成百上千的电视节目和数以万计的电话信号穿过你的身体，它们都是你不能看见的无线电波。

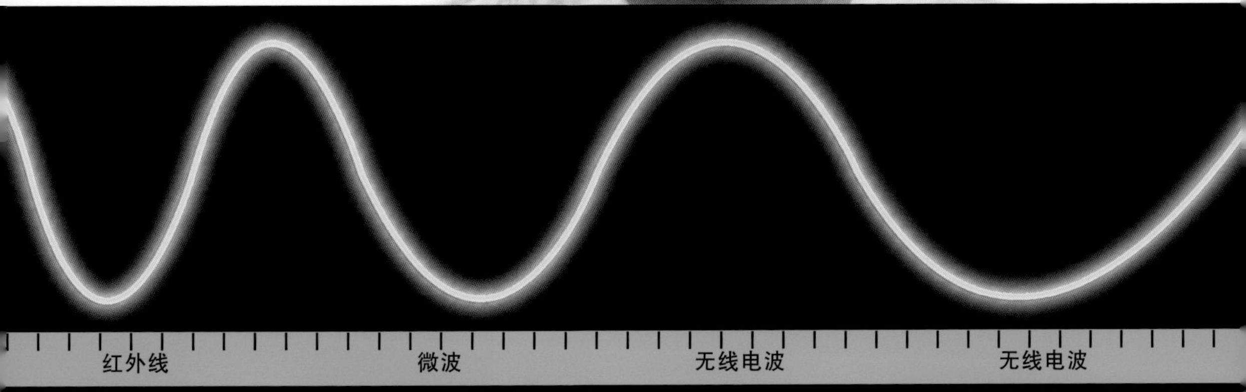

红外线携带着热量。虽然它们通常是不可见的，但如果你戴上了夜视镜，你就可以看见它们。而当你将手放在火上取暖时，你的皮肤也能感觉到它们。红外线的波长范围很广，从微米尺寸到针头大小不等。

微波是波长非常短的电磁波。它们的波长范围可从针头大小到人体手臂的长度。波长大约为12厘米长的微波可以烘烤流质食物，这种波长使得它们可以穿透玻璃和塑料等物体加热水分子。

手机和各种无线器具以无线电波的形式发射它们的信号。无线电波的波长范围从微波尺寸到几米长。短的无线电波直线传播能力很强，绕过障碍物的能力却很弱。

电视与广播信号发射站会发送更长的无线电波，其波长长度从几米（电视和调频广播信号）到数百米（调幅广播信号）不等。波长很长的无线电波能很好地绕过障碍物，并按照一定的曲线路径穿过大气层，所以它们能围绕地球传播。

也可以长达数百万千米。

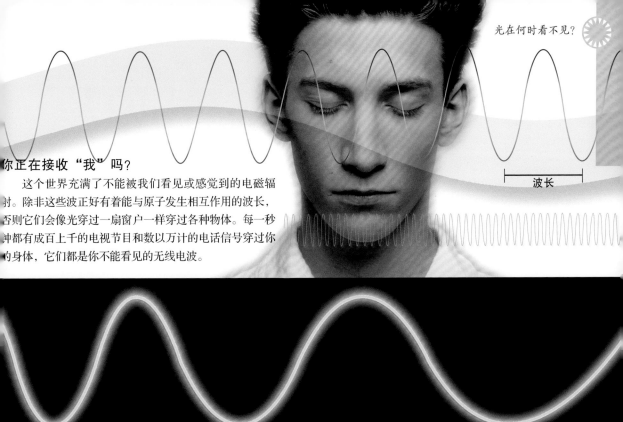

天空为什么是蓝色的?

天空的颜色源自空气的颜色：当太阳光照射到空气使它显出蓝色时，天空看起来便是蓝色的。如果你身处没有空气的月球，你会发现天空永远是漆黑一片。而我们的地球，表面覆盖了一层稀薄的空气——大气层。

当阳光结束长途“旅行”到达地球时，它会穿越大气层。我们平日所见的白色阳光实际上是由红橙黄绿蓝靛紫七色光组成的。其中的某些颜色，比如红色，可以直接穿透大气层，而另一些颜色——尤其是蓝色——会被空气分子散射到各个方向。当你抬头仰望天空时，就会看到这些散射光线，感觉上就像是空气发出了蓝光。

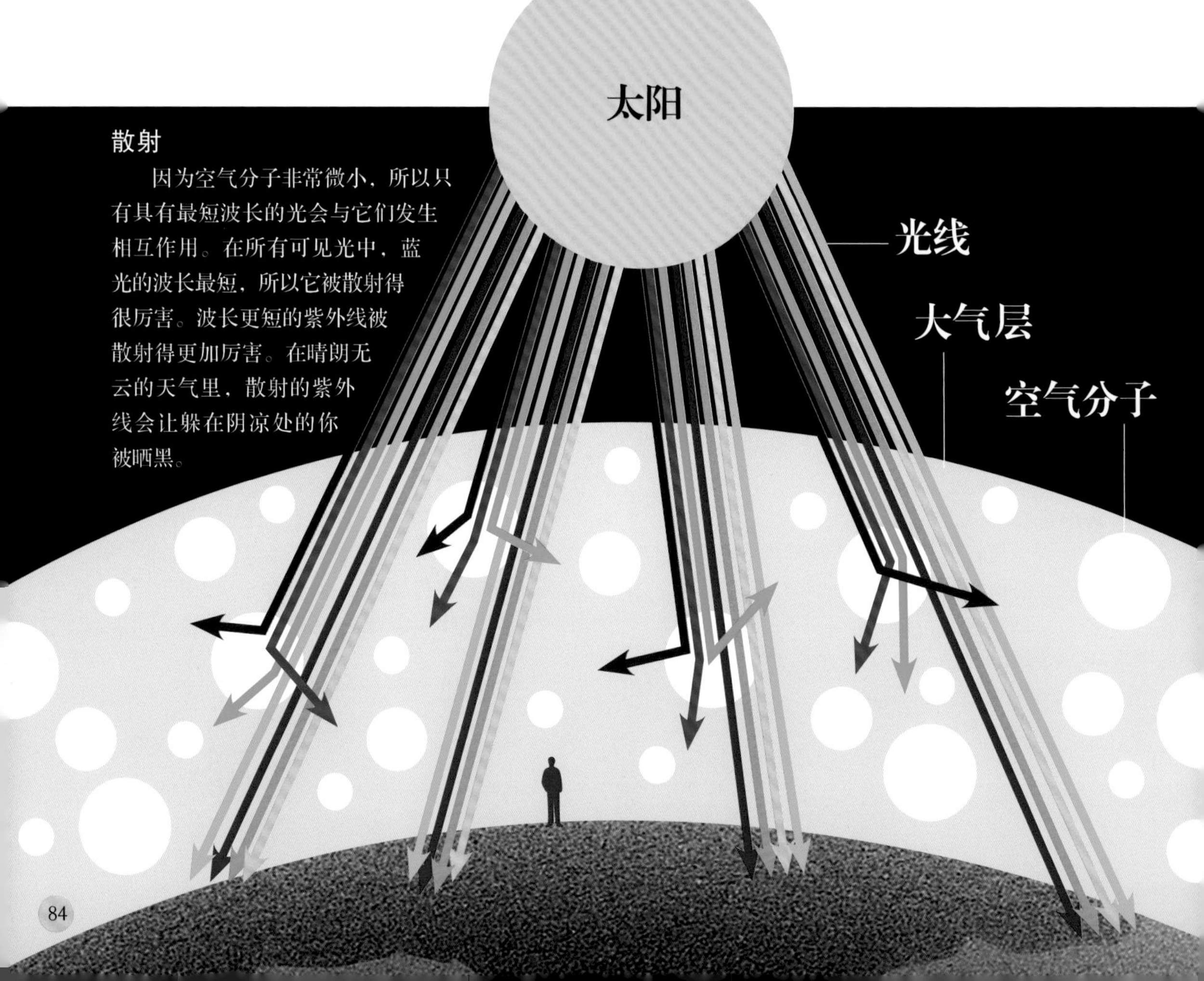

散射

因为空气分子非常微小，所以只有具有最短波长的光会与它们发生相互作用。在所有可见光中，蓝光的波长最短，所以它被散射得很厉害。波长更短的紫外线被散射得更加厉害。在晴朗无云的天气里，散射的紫外线会让躲在阴凉处的你被晒黑。

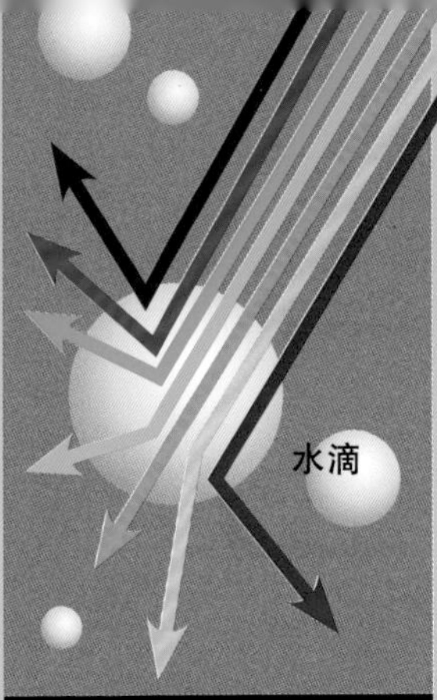

云为什么是白色的？

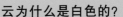

并不是只有空气分子会散射光线，云里的水滴也会散射光线。但是因为它们比空气分子大得多，所以会一视同仁地散射长波长和短波长的色光。各种波长的色光混合在一起会显出白色，因此云“发”出的光看起来就是白色的。

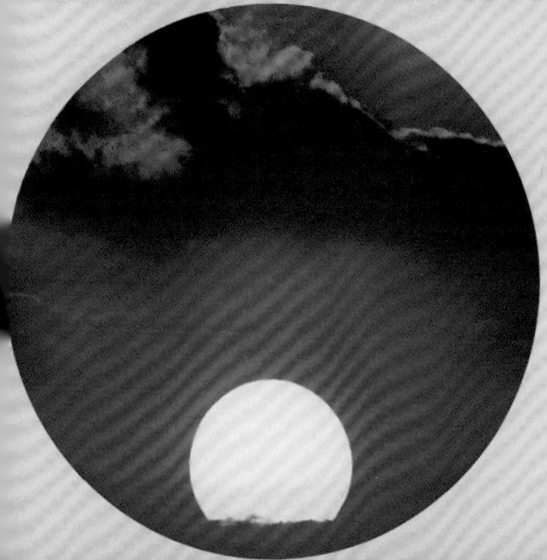

落日为什么是红色的？

当黄昏来临，太阳下落时，它所发出的光必须穿过越来越厚的大气层才能到达地表。越来越多的短波长的光被散射掉，只剩下红色和橙色这样有着长波长的光。这就是我们看到的落日是红色的原因。像海面上空的盐微粒和火山灰烬等非常细小的灰尘，会让落日显得分外红。

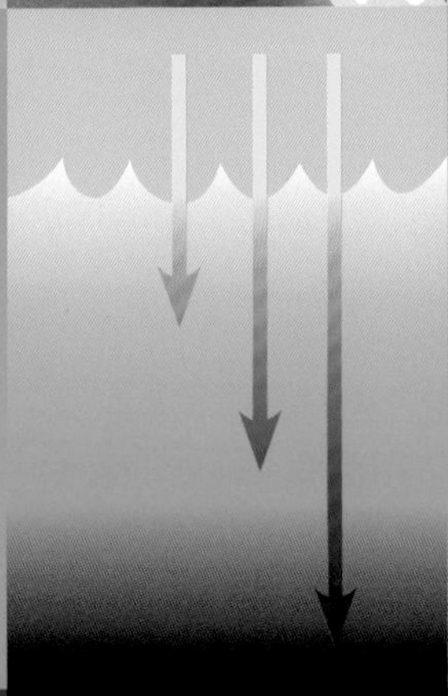

大海为什么是蓝色的？

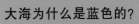

装在杯子里的水是无色的，但大海里的水在晴朗的天气里却是深蓝色的。大海的蓝不是因散射而形成的。海水吸收了红光等波长长的光，而让像蓝色这样的短波光通过并向水中的各个方向反射，所以通过海水的光是蓝色的。在很深很深的海底，连蓝色光也被海水吸收了，深海变成了黑色。

星星为什么会闪烁不定？

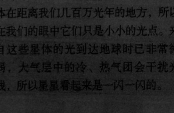

看着夜空中的星星，你可能会注意到它们发出的微光在变化——也就是说它们在闪烁。但是如果你有幸能见到一颗恒星，你会发现它根本不会闪烁。这种奇特的差别为什么会出现呢？很多星体在距离我们几百万光年的地方，所以在我们的眼中它们只是小小的光点。来自这些星体的光到达地球时已非常微弱，大气层中的冷、热气团会干扰光线，所以星星看起来是一闪一闪的。

光有多快？

光是宇宙中跑得最快的事物，它以大约每小时10亿千米的速度在宇宙中穿行。这样的速度是高速公路最高限速的1000万倍，是航天飞机飞行速度的4万倍。按照这样的速度，一束光可在一秒钟内环绕地球7圈。

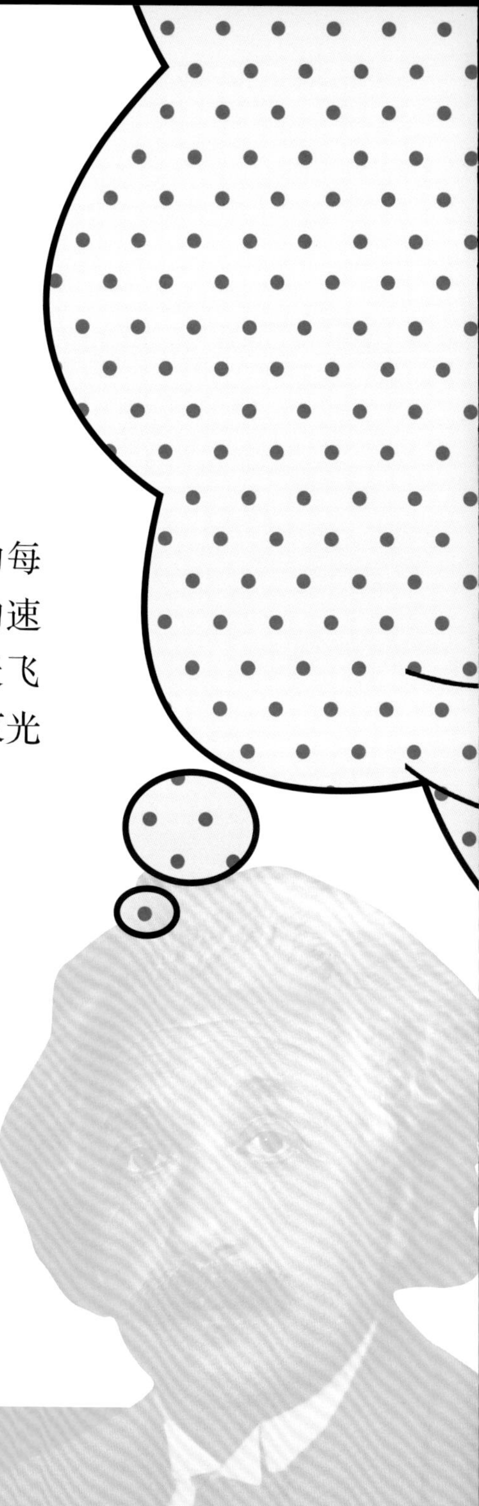

为什么光如此与众不同？

按照物理学的基本原理推断，光具有一些与众不同的特点。想象你正在追赶一辆每小时前进30千米的小汽车：如果你能以29千米/时的速度奔跑，那么小汽车相对你的速度仅为1千米/时，你可以紧紧地跟在它的后面，但它也会把你甩得越来越远。但是，如果你追赶的是光，这样的现象绝不会出现。不管你以多快的速度追赶它，光总是以固定的速度远离你。即使超人以每小时1090000000千米的速度飞驰在一束光的后面，光相对于超人的速度仍然是大约11亿千米/时。也就是说，飞奔的超人相对于光来说似乎站在原地不动。

不管你飞得多快，光总是以一小时跑

干得好，超人！
不过你是在浪费时间，我是无敌的！

真的是不可能的吗？

是的。第一个认识到光是以一种不可思议的方式传播的人是阿尔伯特·爱因斯坦。爱因斯坦计算出如果光不会改变它的相对速度，那么时间和空间必定会收缩或伸展，即发生弯曲。这意味着当超人的速度接近光速时，他的身体会变小，时间会变慢。

光速能变慢吗？

光只有在真空中才能达到它的最高速度。如果有什么东西阻拦在光前进的路上——比如空气、水或玻璃——它就会慢下来。速度突然变化时光也会产生弯曲，这就是为什么直的物体（比如筷子）放到水中会变弯的原因。这种弯曲效应被称为折射。如果没有折射，我们不可能发明望远镜、照相机、放大镜和眼镜。

阿尔伯特·爱因斯坦
（1879—1955年）

11亿千米的速度将你远远地甩在后面。

你能以光速

光速的1%

想象你可以驾驶一辆想跑多快就能跑多快的赛车。你面临的挑战是将车速提高到光速，看看会发生什么事情。你加大油门，使车速达到1000万千米/时——仅为光速的1%。目前所有的事情看起来还相当正常。所以你再次踩下油门提速……

如果你以光速前进，

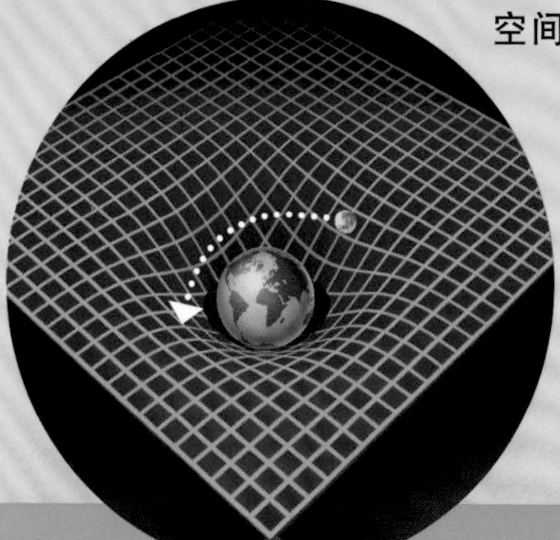

空间弯曲

爱因斯坦的理论被称为相对论。因为按照他的理论，你与事物的相对运动决定了事物的状态。在相对世界里，重力也发生了变化。我们通常认为重力是指一种将物体拖向地球的力量，但是在爱因斯坦的相对论里，重力的产生出现了另一种解释。重的物体——比如我们的地球——将空间和时间弯曲了。为了更好地理解这一点，你可以想象空间和时间是一块有弹性的橡皮，如果你将地球放在橡皮的中央，就会出现一处凹陷。现在让月球开始在这块橡皮上旋转，它会沿着弯曲的空间，渐渐地进入围绕地球的轨道运行，因为它不可能从凹陷处“爬”出来。

你所看到的取决于

前进吗?

90%

现在你的车速已经达到了光速的90%，事情开始变得不同寻常。就赛车外面的人们看来，你的车已经缩小到先前的一半大小，车里的时间也慢了下来。从你的角度来看，你的赛车一切正常；而观看赛车的观众缩小了，他们的动作也变慢了。

99%

当你的车速达到光速的99% 时，你的赛车已经没有一米长了；你的重量变成了最初的七倍；而你感受到的一天对赛车外面的人来说已经过了一个礼拜。现在他们看起来像耙子一样瘦，并以非常缓慢的速度移动着。当他们说话时，语速非常、非常、非常惊人地缓慢。

99.99%

达到99.99%的光速时，你的车已经变得比一支铅笔还短，你的一秒钟比赛车外的一分钟还长。跑得更快只会让你变得更短，时间变得更慢。你永远都不能达到光速，那是绝对不可能的！假设你具有了光速，你的长度将会变为0，重量超过整个宇宙，而你的时间会静止！

你会变得比整个宇宙都重！

万有引力改变时间

爱因斯坦发现，万有引力会让时间变慢。在地球引力相对较弱的山顶，时间会快一点。但只会快非常、非常微小的一点点。即使你一辈子都待在珠穆朗玛峰顶，而你的朋友生活在海拔为0的地区，你也只会比他多微不足道的一秒钟。

时间旅行

根据爱因斯坦的理论，时间旅行非常容易。只要跳进一艘火箭中，以99.99%的光速环绕宇宙飞行（或围绕黑洞之类具有巨大引力的物体飞行），4个月后返回地球时，你会发现你所认识的所有人都比你离开时老了24 岁。

你是怎么运动的—这就是相对性！

谁是谁?

伟大的科学家和数学家艾萨克·牛顿曾经说过:“如果我看得更远,那是因为我站在巨人们的肩膀上。”牛顿的这句话表明,他所取得的成就是建立在多位生活在他之前的杰出科学家的工作成果之上的。在物理学的发展史上,出现了许多响当当的名字。而最早的,可以追溯到古希腊时期。

亚里士多德
公元前384—公元前322年

古代最伟大的思想家之一,古希腊哲学家。亚里士多德的学识非常渊博,从解剖学、天文学到物理学、哲学,他无所不通。他是亚历山大大帝的家庭教师,同时也是古希腊最大的学校的讲师。他认为知识需要通过观察自然而获得,他曾说过:“大自然的所有东西都是有用的。”

阿基米德
公元前287—公元前212年

古希腊数学家、天文学家、物理学家和工程学家。阿基米德发明了用于战争的机器和将水提上山的生活用具。关于阿基米德,最广为流传的故事莫过于他从浴室中冲出,兴奋地大叫:“找到了!”他在洗澡时发现了如何证明国王的王冠不是纯金铸造的,因为这个王冠放入水中时排出的水比相同重量纯金王冠排出的水多。

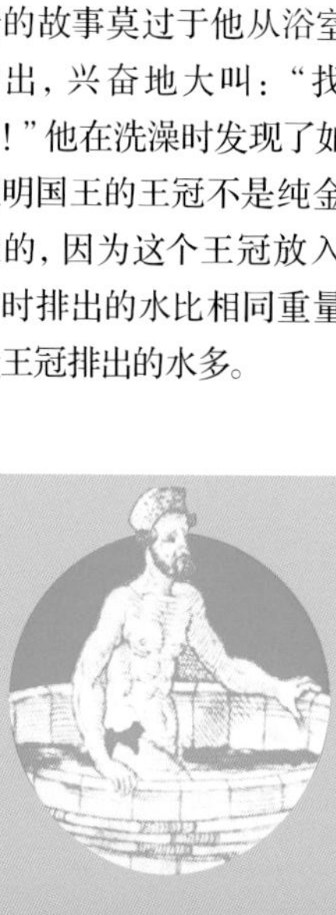

哥白尼
公元1473—1543年

波兰天文学家。与那个时代被普遍认可的“地心说”观点不同,尼古拉斯·哥白尼认为:太阳才是宇宙的中心,而地球只是围绕太阳旋转的行星。虽然他的“日心说”违背了当时处于统治地位的教会的教义,但是他的工作对后来的科学家揭开宇宙之谜有所帮助,而且奠定了现代天文学的基础。

吉尔伯特
公元1544—1603年

英国伦敦著名的医生,伊丽莎白一世时期的物理学家。威廉·吉尔伯特在物理学中最大的贡献是电学和磁力学方面的研究成果。在《磁铁》(*On Magnetism*)一书中,他详细地解释了磁铁之间是怎样吸引和排斥的。他还指出,地球就像一个巨大的条形磁铁,所以指南针的指针总是指向北方。

真理一旦被发现，就很容易理解，重点是如何发现真理。
如果我曾有过任何重要的发现，那应归功于我的耐心专注，多过于我的天分。

伽利略
公元1564—1642年

意大利科学家伽利略·伽利雷利用他自制的天文望远镜观察月球、太阳、星体，并发现了木星的卫星。他在著名的重力实验中将两个球同时从比萨斜塔上抛下，证明了所有物体是以相同的加速度加速下落。因为他在天文学领域所持的观点激怒了教会，他在晚年时被终身软禁。

牛顿
公元1642—1727年

英国科学家艾萨克·牛顿在问卷调查中常常被认为是有史以来最伟大的科学家，但是他对炼金术（一种化学魔法）的痴迷常让人大跌眼镜。他最著名的工作成果是计算出了引力是怎样将宇宙集结起来的。另外，他还建立了关于颜色的理论。他对批评的声音非常敏感，因此与许多和他同时代的人格格不入。

富兰克林
公元1706—1790年

作为美国国父之一的本杰明·富兰克林是一位杰出的政治家、外交家和科学家。通过在雷电中放风筝的实验，他发现闪电也是一种电形式，并据此发明了避雷装置。他是第一个提出电荷具有正负性的人。

伏特
公元1745—1827年

意大利物理学家亚历山德罗·伏特直到4岁才学会说话，但是他很快就赶上了同龄孩子的水平。当他发现电流可以在溶液中的两块金属之间流动之后，他便发明了人类历史上的第一块电池。他因此而名声大噪，还曾为拿破仑演示过他的实验。为了纪念他，人们将电压的基本单位命名为“伏特”。

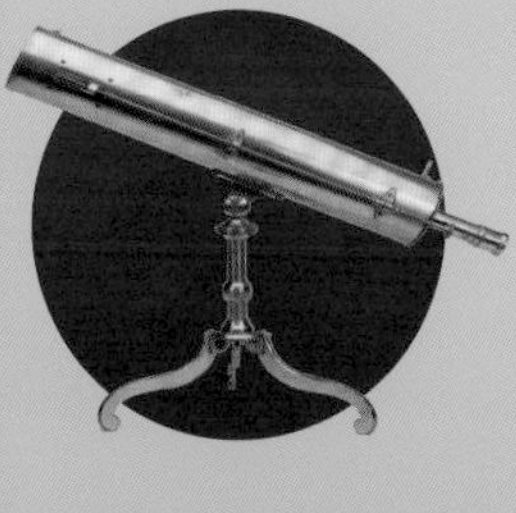

伏特电池

所有符合自然法则的真实事物都是美好的。

不要注意已经做了哪些，应该只去考虑还有哪些有待去做。

世界上不可思议的事其实也是合情合理的。

法拉第
公元1791—1867年

英国物理学家迈克尔·法拉第是一位成绩卓越的实验者。他发现电与磁有着紧密的联系，并发明了世界上第一部发电机。作为一位热心的演说家，他开创了圣诞科学讲座，这一传统至今仍被英国皇家学会保留着。

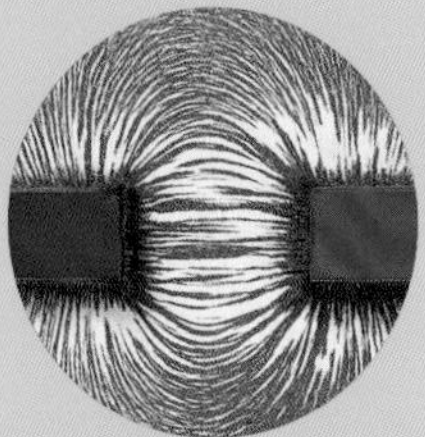

麦克斯韦
公元1831—1879年

小时候的詹姆斯·克拉克·麦克斯韦被人称为“傻冒”，长大后他却成为英国著名的物理学家。他最受人关注的成就是将电磁关系总结为四个精练的方程式。他指出电和磁能像波一样传播，并且证明了光也是一种电磁辐射。他还发现，加热气体会让原子运动得更快。

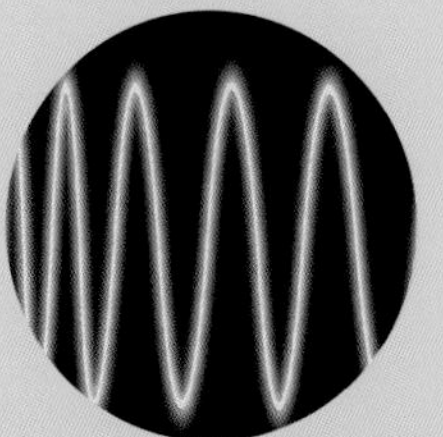

居里
公元1867—1934年

第一位诺贝尔奖女性获奖者、出生于波兰的玛丽·居里，因为在放射线研究方面取得的成绩而声名显赫。她发现了两种放射性元素，并提炼出了其中一种元素——镭。镭的发现使得人们可以使用一种新方法来治疗癌症：化疗。不幸的是，玛丽·居里最后死于一种因长期接触放射性物质而导致的癌症。

爱因斯坦
公元1879—1955年

阿尔伯特·爱因斯坦的第一次成功是向世人证明了光是由粒子（光子）组成的。但是让他变得更出名的却是相对论，一种将时间、空间、万有引力与光的速度联系在一起的理论。他提出的公式——$E=mc^2$表明质量与能量在本质上是相同的。爱因斯坦反对战争，但是原子弹的发明却与他的研究不无关系。原子弹的工作原理正是将质量转化为能量。

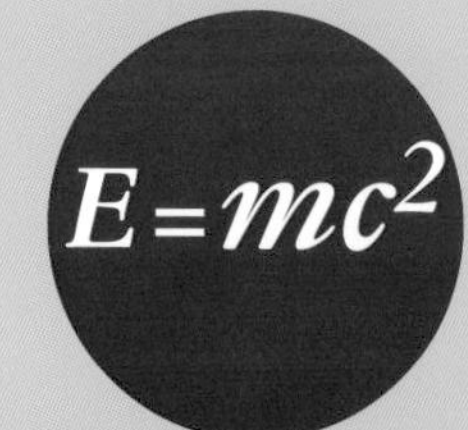

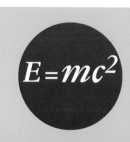

只有物理学是科学，其他学科都是集邮。
我们所观察到的物质形态和力，本质上是空间结构的形成和变化。
科学是试图以一种人人都能理解的方式，告诉人们一些以前没人知道的事情。

卢瑟福
公元1871—1937年

欧尼斯特·卢瑟福是一位脾气暴躁的新西兰人，他因“撕”开了原子而成名。他在英国工作时，证明了原子是可以再分的；而且他还发现原子内含有原子核，体积很小却几乎集中了原子的全部质量。在原子物理的基础之上，他与另外一些科学家最早开始了放射现象的研究。

薛定谔
公元1887—1961年

奥地利物理学家薛定谔创立了一套复杂的数学函数，来展示原子及其内部的粒子是如何像波一样运动的。关于薛定谔，最具有代表性的事情是他所设想的一个理想实验中出现的谜题：当一个原子内部奇异的量子世界被放大到现实生活层面时，一只猫可能会同时处于两种互相矛盾的状态——死活叠加态——既死了又活着。

海森堡
公元1901—1976年

德国物理学家沃纳·海森堡为人类揭开原子内部之谜做出了巨大贡献。在23岁时，他已经提出了自己的量子理论，并凭借此理论获得了诺贝尔奖。他还发现了奇特的“测不准原理”，即亚原子粒子的速度和位置是不可能同时被测量的。

狄拉克
公元1902—1984年

英国科学家保罗·狄拉克为量子学说的建立和完善做了大量有价值的工作，这种理论用于解释亚原子粒子（比如电子）的运动形式。他还预言，必然存在负电子对应的正电子。因为他的杰出表现，1933年他与薛定谔一起获得了诺贝尔物理学奖。

术语表

绝对零度
温度的最低阈限（-273℃或-459° F），在此温度下，所有的原子都会停止运动。

加速度
物体速度变化的快慢。速度变化既包括速率的增加或减小，也包括方向的改变。

空气动力学
研究物体如何在空气中运动的学科。

原子
构成物质的微粒，由处于原子中心的原子核和围绕原子核的一个或多个电子组成。

电池
一种能够产生或储存电的装置。

浮力
一种将处于气体或液体中的物体往上推的力。

摄氏度
一种温度的计量单位。以水的结冰点为0℃，以水的沸点为100℃。

重心
在效果上看似乎集中了一个物体全部质量的点。如果你支撑住一支铅笔的1/2长度处，它就可以保持平衡，因为那里正是它的重心。

电荷
物体所带的电量。它可分为两种：正电荷和负电荷。

电路
电流流动的路径。

传导
热量、声音或电流在物质中的运动。

导体
一种可以传递热量、声音或电流的物质。

对流
热量通过运动的气流或液体流在流体物质中的传递过程。

阻力
物体在气体或液体中运动时受到的阻碍运动的力。

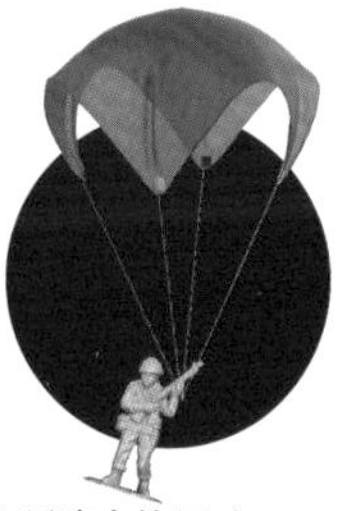

弹性
如果一个物体被拉伸后还能恢复拉伸前的大小和形状，那么就认为它具有弹性。

电流
电荷（通常是电子）在闭合环路中的运动。

电
一种由电荷运动引起的物理现象。

电磁射线
一种表现出波粒二相性、具有非常高的传播速度的能量形式。光和无线电波都属于电磁射线 。

电子
构成原子的三种基本粒子中的一种（另两种分别是质子和中子）。一个电子带有一个负电荷。

能量
物体做功的能力。

蒸发
一种状态的变化， 指液体变成气体。

流体
可以流动的物质。液体和气体都是流体。

力
物体之间相互拖拉的作用。力可以改变物体速度、方向或形状。

凝固点
液体恰好变成固体时的温度。

频率
一秒钟内通过某个位置的波的数量。

摩擦力
两物体发生或将要发生相对运动时，在接触面上产生的阻碍相对运动的力。

γ射线
具有超短波长的一种电磁射线。放射性物质可以发出γ 射线。

气体
物质的一种形态。处于气体状态时，组成物质的粒子之间相隔较远，且可以快速地自由运动。

万有引力
存在于所有物体之间的相互吸引力。地球引力让我们的脚踏在地面上，让我们抛出的物体掉下来。

热量
由原子的自由运动产生的能量形式。

惯性
物体保持其原有静止或运动状态的趋势。

红外线
波长长于可见光波长的一种电磁射线。红外线可传送热量。

绝缘体
不善于传导热量、声音或电的物质。

干涉
当两个或多个波相遇时发生的扰动现象。

升力
翅膀或机翼在空气中运动时产生的向上的力。

可见光
人眼能够看见的一种电磁射线。白光是由七种颜色的光混合而成，它们一起构成了可见光谱。

液体
处于气体和固体之间的一种物质状态。组成液体的粒子可在一定范围内滑行，但仍互相吸引而聚集成一定的体积。

磁场
一块磁铁的磁力作用范围内的区域。

磁性
一些物质，尤其是铁，能够吸引或排斥同类物质的属性。

质量
物体所含物质的多少。其计量单位为克、千克或吨。在地球上，物体的质量决定了它的重量；但在太空中，没有重量的物体也是有质量的。

物质
任何具有质量、有一定体积的东西。

熔点
固体恰好变成液体时的温度。

微波
波长长于红外线、短于大部分无线电波的电磁射线。微波有时也被看作是一种无线电波。

分子
构成物质的一种粒子，由两个或多个原子紧密结合在一起而组成。

动量
物体保持运动的趋势。其大小等于质量与速率的乘积。

中子
原子核中的两种主要粒子之一，它不带任何电荷。

原子核
原子的固体中心，由质子和中子组成。它集中了原子的绝大部分质量。

粒子
组成物质的基本单位。比如原子或分子。亚原子粒子指那些比原子还小的粒子，比如质子。

光子
构成光或者其他任何一种电磁射线的粒子。

物理学
研究力、运动、物质和能量的学科。

势能
储存着以备以后使用的能量。重力势能是储存在物体中、由物体所处的位置所产生的势能，比如一辆处于山顶的过山车所具有的势能。

压强
作用于一定区域的力的集中性量度。

三棱镜
具有三角形边缘的，由玻璃或其他透明材料制成的器具。它可以将白光分成彩色光谱。

质子
原子核中的两种主要粒子之一，一个质子带一个正电荷。

量子
可独立的能量最小单位。电磁射线就是由被称为光子的量子流所组成的。

夸克
组成物质的最基本粒子之一。质子和中子各由三个夸克构成。

辐射
指能量以电磁射线（比如光）的形式进行传播。由各种放射性物质发出的射线也被称为辐射线。

放射线
原子核被击穿时发出的高速粒子或电磁射线。

折射
当光从一种物质进入另一种物质时（比如从空气进入水中），光路发生弯曲的现象。

声音
一种在空气或其他物质中传播的波，是由分子的振动产生的。

光谱
将电磁射线按照其波长长度由短至长依次排列而成的连续序列。一道彩虹就是一个可见光光谱。

速率
物体运动的快慢，计算方法为距离除以时间。

流线化
为了使物体在空气或水中受到最小的阻力，而使其具有流线型形状的过程。

弦
按照弦论的观点，弦是构成宇宙的最基本模块，各种粒子不过是弦上的波。

强核力（强力）
一种将原子中的质子和中子束缚在一起的力。它与万有引力和磁力不同，只能在非常短的距离内产生，并且只作用于质子和中子。

亚原子粒子
比原子更小的粒子，比如质子、电子或夸克。

表面张力
让水的表面形成一层薄薄的外壳的力。

温度
表示物体冷热程度的物理量。

紫外光线
波长小于可见光波长的看不见的电磁射线。太阳光中的紫外线会晒伤皮肤。

速度
物体运动的速率和方向。

黏度
物体稀薄或黏稠的量度。

波长
两个波峰之间的距离。

重力
物体受到的竖直向下的力，因地球引力而产生。

功
力对物体作用的空间的累积的物理量，大小等于力与距离的乘积。

X 射线
波长长度在γ射线与紫外线之间的电磁射线。X射线能够穿透人体的大部分组织，但不能穿透骨骼或牙齿。

零重力
无重状态的另一种说法。

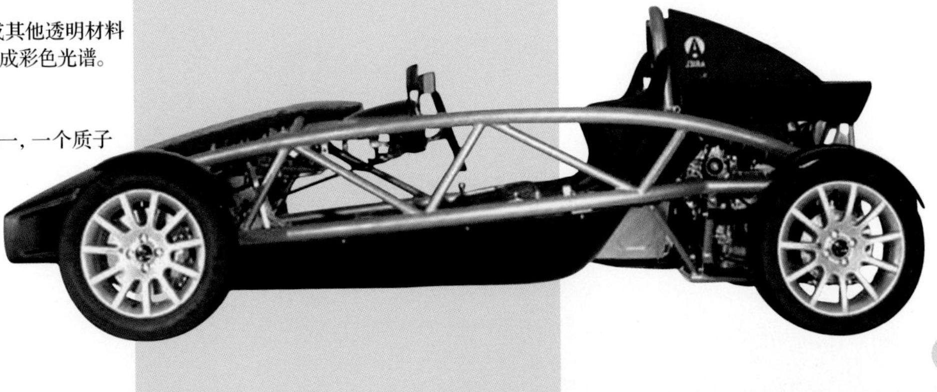

致谢

Dorling Kindersley would like to thank the following people for help with this book: Tory Gordon-Harris, Rose Horridge, Anthony Limerick, Carrie Love, Lorrie Mack, Lisa Magloff, Rob Nunn, Laura Roberts-Jensen, Penny Smith, Fleur Star, Sarah Stewart-Richardson, Likengkeng Thokoa.

DK would also like to thank the following for permission to reproduce their images (key: a=above, b=below, c=centre, l=left, r=right, t=top, b/g=background):

Advantage CFD: 46-47b. **Alamy Images:** Bruce McGowan 66bc; Ian M Butterfield 37bl; Pat Behnke 12tl (Diamond); Robert Llewellyn 73bl; Doug Steley 66bl; TF1 33crb, 46bl; Transtock Inc. 46tl, 47crb; Stephen Vowles 41 (soldier), 94 (soldier). **Ariel Motor Company:** 47tr, 95br. **Corbis:** 30bl; Car Culture 31c; 33cra, 49 (golf ball), 71tc; Theo Allofs/zefa 67cla; Bettmann 18crb, 24bl, 27bl, 40-41b, 42tc, 59bl; Tom Brakefield 31 (cheetah); Ralph A. Clevenger 69tr; Richard Cummins 39cr, 66-67b; Ronnen Eshel 2bl, 26bl; Eurofighter/Epa 42tl; Al Francekevich 39br; Patrik Giardino 22cr; Beat Glanzmann/zefa 78cl; Images.com 5cla, 20-21; JLP/Jose Luis Pelaez/zefa 3 (hand), 23tr (hand); Kurt Kormann/zefa 79tr; Matthias Kulka/zefa 34tl; Lester Lefkowitz 42-43; George D. Lepp 47br; LWA-Sharie Kennedy 29 (moped); David Madison/zefa 40cl; Tim McGuire 38c; Amos Nachoum 51cra; Yuriko Nakao/Reuters 49br; Richard T. Nowitz 23cl; Robert Recker/zefa 83tc; Reuters 29cb, 30cl, 35cr, 47tr, 47cra; Galen Rowell 64tr; Wolfram Schroll/zefa 39c; G. Schuster/zefa 48br; Daniel Smith/zefa 66tc; Josh Westrich/zefa 3 (trolley), 25tl. **Deutsches Museum, München:** 31 (helios). **DK Images:** Adidas 1 (trainer); The All England Lawn Tennis Club, Church Road, Wimbledon, London, David Handley 48 (tennis ball); Anglo-Australian Observatory 14t (b/g), 17tc (b/g), 22tl (b/g); Audiotel 1 (spanner); Bradbury Science Museum, Los Alamos 34bl, 55bc; British Airways 1 (Concorde); The British Museum 60b (silk); Duracell Ltd 58cla; Ermine Street Guard 8bc; Football Museum, Preston 45 (boots), 61b (shirt); Sean Hunter 2fcl, 16tl; Indianapolis Motor Speedway Foundation Inc 36cb; Judith Miller/Kitsch-N-Kaboodle 22tl (Yoda); NASA 1 (astronaut), 10tr, 18bl; National Maritime Museum, London 16cr, 91fbl; Natural History Museum, London 9tc, 19fcrb, 90 (feather); Stephen Oliver 1 (domino), 13cra, 25 (car), 36c, 48 (basketball), 49 (basketball), 52bl, 62-63, 63bc, 63bl, 92fbl; Renault 88-89t; The Science Museum, London 11bl, 12fbr, 19bl, 50-51 (nails), 58bl, 91fbr; James Stevenson/National Maritime Museum, London 15cr; Florida Center for Instructional Technology: 9br. **Dreamstime.com:** Cosmin-Constantin Sava 83cb (Modern mobile phone), Jamie Cross 83crb, Sacanrail 83cb. **Getty Images:** Allsport Concepts 22cl; Iconica 68cl; The Image Bank 23cr, 23bl, 74bl; Nordic Photos 31 (Caravan); Photographer's Choice 36tl, 48tl; Stock Illustration Source 87tl; Stone 38br; Stone+ 58fcla; Taxi 1 (skydiver), 2tl, 40-41t, 74-75 (Sun), 85cla. **Carrie Love:** 8cra (b/g). **Mary Evans Picture Library:** 28bc. **NASA:** Marshall Space Flight Center 1 (Shuttle). **Photolibrary:** Photolibrary. Com (Australia) 17br; Foodpix 35tr, 53tl, 54bl, 70tc; Index Stock Imagery 5tl (b/g), 6-7 (b/g), 50bc. **PunchStock:** Corbis 17cr. **Photo Scala, Florence:** 16cra. **Joe Schwartz/Joyrides:** 32r. **Science & Society Picture Library:** Science Museum Pictorial 29bl. **Science Photo Library:** 10br, 10cla, 54br, 90fcla, 90cla, 90bl, 92fcla, 92cla; American Institute Of Physics 93fcra; David Becker 39bl; George Bernard 91cra; British Antarctic Survey 82crb; Dr. Jeremy Burgess 38tl, 80-81b; CERN 76br; John Chumack 85bl; Crawford Library/Royal Observatory, Edinburgh 15bc; Professor Harold Edgerton 45bc, 72-73t; Prof. Peter Fowler 93fcla; Mark Garlick 67br; Henry Groskinsky, Peter Arnold Inc. 48c; GUSTO 74tc; Roger Harris 15tr, 62tl; Keith Kent 31 (Thrust); Edward Kinsm 72c; Mehau Kulyk 5bl, 74tl; Laguna Design 88 Damien Lovegrove 74bc Max-Planck-Institut/American Institute Of Physics 93cra; NASA 31 (Apollo15), 33bl; Natior Library Of Medicine 92cra; Claude Nuridsany & Marie Perennou 74br; David Parker 74-75, 79c 81cr (bubble); Pasieka 74-75b, 77tl; D. Phillips 52tc, 65tl; Philippe Plail 52-53b, 54bc; D. Robert 82clb; Royal Observatory Edinburgh 18-19 (map); Erich Schrempp 80cr; Science, Industry & Business Library/New Yo Public Library 17tr; Dr. Gary Settles 44bl; Franci Simon/American Institute Of Physics 93cla; Sinclair Stammers 80tr, 81cl, 81cb; Takeshi Takahara 46cb; Ted Kinsman 83fclb; Sheila Terry 3 (Atlas), 14bl, 63fcra, 70clb, 79cb, 91fcla, 91cla 91fcra; Gianni Tortoli 3 (heliocentric), 15cl; US Library Of Congress 35b 86br, 92fcra; Detlev Van Ravenswaay 19cr, 90cra, 90br. **Sky TV:** from Sky One's Brainiac 70-71b.